DECODIFICACIÓN DEL CONOCIMIENTO

DECODIFICACIÓN DEL CONOCIMIENTO

Más allá del Psicoanálisis y la Parapsicología

JUAN DE DIOS CABRAL

Número de Control de la Biblioteca del Congreso de EE. UU.:   2022900531
ISBN: Tapa Dura   978-1-5065-3970-6
               Tapa Blanda   978-1-5065-3971-3
               Libro Electrónico   978-1-5065-3969-0

Para realizar pedidos de este libro, contacte con:
Palibrio
1663 Liberty Drive, Suite 200
Bloomington, IN 47403
Gratis desde EE. UU. al 877.407.5847
Gratis desde México al 01.800.288.2243
Gratis desde España al 900.866.949
Desde otro país al +1.812.671.9757
Fax: 01.812.355.1576
ventas@palibrio.com
839225

ÍNDICE

DEDICATORIA

A los mensajeros estelares:

A ustedes, que por disposición voluntaria aceptaron venir aquí para realizar la singular misión de transmitir a la humanidad el mensaje cifrado en el Universo. A ustedes, nuevos seres preclaros de este tiempo, aquí y ahora, destinados a iluminar de conocimiento cosmológico a la presente y próximas generaciones del planeta Tierra. A ustedes, portadores del conocimiento interestelar que vienen cargados de energía, paz, amor, luz, frecuencia y sabiduría Universal; siendo estas sus principales armaduras con las cuales combatir a las entidades oscuras que por miles de años han sometido a la humanidad bajo un régimen de esclavitud, mentiras, engaños, miedo e ignorancia, en flagrante violación a la voluntad suprema del creador y de nuestra integridad como criaturas.

Sean bienvenidos a este mundo, seres benevolentes del Universo. Que su misión sea fecunda durante su estancia en este planeta para que a través de sus sabias enseñanzas la humanidad pueda ascender a planos superiores, y que ustedes, al regresar a sus moradas de origen, sean coronados plenamente de abundancias celestiales.

A mi nieta, Isabelle Cabral Leal: Insigne criatura del Universo que con su tierna y cálida sonrisa deslumbra todo aquello que le rodea. A ti, que desde el primer instante que asomaste a este mundo, brotaron de tu tierno rostro, destellos radiantes de sonrisas, signo manifiesto de gratitud hacia tus padres por haberte permitido la entrada a esta vida. Has venido a iluminar, sanar, conciliar y ensanchar el amor con la singular antorcha de tus sonrisas.

Bienvenidos a la quinta dimensión, mensajeros estelares.

INTRODUCIÓN

En el presente libro tratamos de definir con la mayor prudencia posible, todo aquello que está relacionado con el origen y desarrollo del conocimiento, las sustancias y energías que intervienen en su constitución. Además, tratamos de sintetizar la incidencia de aquellos sistemas que se constituyen en obstáculo para el sano desarrollo de este, así como aquellos elementos emocionales que intervienen de manera directa a modo de enfermedades bacteriológicas constituyéndose en traumas.

Decodificar el conocimiento es penetrar en lo más recóndito del yo superior y descubrir allí la íntima interrelación con la trascendencia teniendo al universo como intermediario donde no existe ni tiempo ni espacio, solo la unidad sublime con el espíritu a través de la frecuencia universal en que solo fluyen las facultades secretas de mi propio yo entrelazadas con los secretos infinitos del universo fundidos en una y única unidad con los insondables atributos del Creador.

El conocimiento resulta de la intervención directa de diversos componentes tanto internos como externos los cuales interactúan entre sí dando origen al conocimiento como elemento final. Se trata nada más y nada menos que de las energías que se funden con las sustancias cerebrales convirtiéndose en emociones, las emociones en pensamientos, los pensamientos en ideas y las ideas en acontecimientos. A pesar de tal complejidad. El conocimiento no es más que la combinación de todas las energías circundantes que encienden el fuego cerebral para dinamizar todo el ser tanto físico como emocional. En definitiva, es la manifestación del Espíritu entre la energía y la materia convertida en frecuencia que se expande y trasciende en el universo para encontrar allí lo desconocido y convertirlo en realidad.

Somos la única especie en el planeta tierra que tiene la facultad para; conocer, remembrar, asimilar, aprender, enseñar, percibir, intuir, distinguir, seleccionar, discernir, elegir, crear y decidir entre otros.

SESION = I

ORIGEN DEL CONOCIMIENTO

A = definición de conocimiento:

1. **Conocimiento:** Es la capacidad que tiene todo ser humano de conocer y materializar realidades intangibles esparcidas en el universo.

2. **Conocimiento:** Es la facultad de remembrar experiencias preconcebidas plasmadas en la ultra conciencia desde tiempos inmemoriales.

3. **Conocimiento:** Es la facultad inherente al ser humano que le permite; remembrar, asimilar, aprender, percibir, intuir, distinguir, seleccionar, discernir, elegir, crear y decidir.

4. **Conocimiento:** Es la condición congénita al ser humano heredada de su creador e impregnada en la ultra conciencia desde su origen ancestral, más las experiencias adquiridas a partir de la concepción en el vientre materno.

5. **Conocimiento:** Es la capacidad de asimilar el conjunto de energías o insustancias subliminares dispersas por el universo en forma de frecuencia y energía electromagnética, las cuales se constituyen en sustancias cerebrales en cada ser según su naturaleza más allá de toda comprensión científica, filosófica, exotérica o místico religiosa.

1

B= Tipos de conocimientos:

Conocimiento preexistente - Conocimiento pos adquirido.

Hay que diferenciar entre conocimiento preexistente y conocimiento pos adquirido: 1ro. El conocimiento preexistente es aquel a través del cual el individuo es capaz de remembrar o experimentar experiencias remotas acaecidas antes de la concepción en el vientre materno. 2do. El conocimiento pos adquirido o aprendido es aquel que asimila el individuo a partir de la concesión en el vientre materno y que luego se completa con las experiencias y condicionamientos impuestos directa e indirectamente por la sociedad donde se desarrolla como ente social.

Permítanme ilustrar con un sencillo ejemplo eso que yo defino como conocimiento preexistente: Si abrimos en dos mitades una semilla cualquiera, al abrirla notaremos que en el interior de esta solo existe una mínima protuberancia y a veces nada, pero es ahí exactamente donde está contenido de manera explícita e invisible el germen de origen que dio lugar a dicha semilla desde ante que esta se constituyera en el árbol de donde proviene, germen que continúa prolongándose en el tiempo de manera infinita.

Del mismo modo, el conocimiento preexistente tiene su origen mucho antes de que el individuo sea concebido en el vientre materno, quizás antes de que se originara las sustancias que dan origen al espermatozoide y previo a la concepción del óvulo en los ovarios de la madre. En cada uno de estos dos elementos (espermatozoide y óvulo) está previamente concebida la semilla del conocimiento, impresa en la ultra conciencia que da lugar al elemento fundamental que marca la singularidad así como la particularidad de un individuo con relación a los demás, y al mismo tiempo, la íntima semejanza con los demás individuos de su especie.

El conocimiento preexistente no se adquiere a través del aprendizaje común, sino, que el aprendizaje común solo sirve para instruir o adiestrar al individuo en el proceso de adaptación al medio ambiente que le rodea. O sea, que a través de este, el individuo se instruye alcanzando solamente el nivel de conocimiento común u ordinario que le facilita adaptarse al medio en que se desarrolla. El conocimiento preexistente va más lejos, es ancestralmente infinito aunque está condicionado por el medio socio cultural que rodea al individuo cuyo nivel es, el conocimiento común. A pesar de los condicionamientos socioculturales, existen excepciones en que determinados individuos sobre pasan los parámetros establecidos por el conglomerado social, ya que alcanzan niveles de conocimientos que desbordan los límites establecidos, esto se debe a que el conocimiento preexistente está latente en lo más recóndito de la memoria ultra temporal de determinados individuos. Recuerde el ejemplo de la semilla de la cual hicimos referencia anteriormente y decíamos que en una semilla existen todos los elementos que le imprimen originalidad, singularidad e identidad como especie y al mismo tiempo, la particularidad intrínseca y extrínseca que hace que cada especie se perpetúe en el tiempo como única en su género.

El conocimiento preexistente es consustancial al individuo y se integra al cerebro en el momento de la concepción en el vientre materno y luego se dispersa por toda la estructura biológica ya que esta (estructura biológica) se constituye en morada temporal de dicho conocimiento, es por eso que todas las reacciones emocionales y biológicas obedecen a los mandatos de dicho conocimiento el cual tiene su cede de mando en el cerebro controlado por un centro de operaciones llamado memoria que se encarga de filtrar, seleccionar y archivar las distintas experiencias convirtiéndolas en emociones de acuerdo a su importancia y luego en acontecimientos. Todo cuanto existe en la memoria obedece a experiencias ocurridas en algún momento específico a lo largo de la existencia. La mente no puede procesar nada que no haya sido archivado en la memoria ya que el trabajo de la memoria es, hacer abstracción de acontecimientos acaecidos en algún momento de la propia existencia ya sea antes o a partir de la concesión biológica en el vientre materno.

La imaginación es parte esencial del conocimiento ya que esta se constituye en el canal por el cual se transportan los pensamientos hacia la zona consciente del cerebro en donde adquieren identidad, cuerpo y forma, luego el consciente se encarga de reelaborarlos convirtiéndolos en ideas, las ideas en emociones, las emociones en palabras, las palabras en acciones y las acciones en acontecimientos tangibles. Podría decirse, que la imaginación no es más que el laboratorio del cerebro cuya misión es, extraer y procesar experiencias subyacentes en el subconsciente o memoria ultra temporal y convertirlas en fantasías, tales fantasías pasan al consciente donde adquieren categoría de ideas.

Hemos sido adiestrados a partir de la concepción biológica en el vientre materno solo para considerar como buenas y válidas aquellas experiencias que están latentes en nuestro consciente, considerando así todo aquello que está en el subconsciente como mera imaginación o fantasía.

Recordemos el ejemplo de la semilla; siempre que miramos un árbol solo vemos su apariencia física: tamaño, follaje y frutos, pero jamás podemos percibir a simple vista los elementos esenciales que están contenidos de manera explícita en toda su estructura, sustancias que no son más que micro partículas en las cuales está contenido el germen que preserva su identidad y perpetuidad como especie.

Del mismo modo, toda idea que pasa por nuestra mente o imaginación es porque existe en la memoria ultra temporal, fruto de alguna experiencia en algún momento determinado de nuestra existencia, depositada allí en lo más profundo de nuestro ser, es por eso que muchas ideas nos resultan desconocidas y las consideramos como meras fantasías. Desconocemos ese mundo infinito de la existencia de nuestra memoria ultra temporal. Otras ideas surgen en la imaginación que parecen tan reales que nos hacen sentir como si estuviésemos viviendo el acontecimiento que estamos imaginando.

Las fantasías son como un ser en sus inicios; primero es el zigoto el cual resulta de la unión del gameto (espermatozoide) masculino con el gameto (óvulo) femenino, luego se constituye en embrión y por último en feto hasta el nacimiento. Es como si dijésemos: fantasía, imaginación, idea y finalmente, el acontecimiento.

Solo conocemos un mínimo por ciento de lo que somos. Ignoramos por completo quienes fuimos antes de ser concebidos biológicamente en el vientre materno, es por eso que desconocemos todo cuanto existe archivado en la memoria ultra temporal, especialmente, las infinitas experiencias ancestrales las que casi siempre consideramos como meras fantasías creadas por la mente.

El conocimiento preexistente va más allá de lo temporal, es infinito, es eterno y lo poseemos desde tiempos inmemoriales, o sea, desde el momento en que fuimos creados antes de ser incubados en el vientre materno. Dicho conocimiento no es estático, es dinámico y fluye en armonía con todo el universo. El conocimiento preexistente es la esencia misma del creador que se manifestada en cada ser humano constituyéndolo así en portador predilecto de la identidad sublime del propio creador dispersa por todo el ser universal.

Por lo regular, Ignoramos el origen de algo tan propio como es el conocimiento preexistente, impreso en cada uno de nosotros y que consideramos como un simple misterio dada su complejidad. Cuando logramos penetrar nuestro propio pensamiento cuya morada reside en lo más recóndito de nuestro ser, (memoria ultra temporal), nos encontramos con el verdadero origen del conocimiento preexistente y es esta la gran novedad que a diferencia de los demás seres vivos, nos lleva a descubrir nuestra grandeza y semejanza con el creador lo que nos constituye en seres infinitos. Fue ahí precisamente, en el momento mismo de la creación cuando se nos implantó el GEN del mismo creador.

C= Origen del conocimiento:

Repito. El conocimiento preexistente tiene su origen en el momento en que hemos sido creados más allá de toda comprensión y definición filosófica, metafísica, teológica, exotérica o científica, que solo se puede comprender cuando somos capaces de traspasar las barreras que nos atrapan en el conocimiento temporal.

Para tener una noción más amplia de esto, tenemos que adentrarnos en todo lo que es la composición biológica de nuestro cerebro, especialmente, conocer los distintos tipos de sustancias que intervienen de manera directa en su composición y que al mismo tiempo le dan la dimensión necesaria para que se constituya en el motor primario de todas nuestras emociones, permitiendo así, comprender la complejidad estructural de los elementos externos que de manera directa inciden en cada estado emocional que se manifiestan de forma real y continua en nuestro comportamiento.

El cerebro trabaja con la combinación de varios tipos de sustancias. Tales sustancias no son más que el extracto de todos los componentes que recibe el cuerpo biológico, que combinadas con las energías electromagnéticas que circulan a nuestro alrededor son procesadas por el cerebro para luego ser enviadas a todo el organismo biológico como una y única energía convertida en estado emocional. Dichas energías se van a constituir en un único elemento vital tanto biológico como emocional y que luego trasmitimos a nuestros descendientes de generación en generación a través del espermatozoide y el óvolo los cuales llevan encriptado toda la información tanto genética como emocional que hemos adquirido desde nuestro origen o creación ancestral. De tales sustancias se van a derivar otros componentes que por su naturaleza resultan una manifestación dinámica de nuestras emociones, como por ejemplo: secreción bucal (salivas), emociones húmedas (lagrimas) y la constitución del pensamiento (emociones subliminares).

Si observamos con atención nos daremos cuenta que el cerebro está constituido por una especie de masa esponjosa de color grisáceo totalmente diferente a los demás órganos que constituyen el cuerpo biológico. Es una especie de musculo que al comprimirlo se convierte en un líquido transparente y gelatinoso ya que está constituido por componentes extremadamente sensibles, diseñados para trabajar con sustancias puras, tan puras que se convierten en energías magnéticas condensadas por lo cual se constituye en un campo electromagnético cuya función es, mantener energizado todo el sistema biológico proveyéndolo de las energías que demande determinado estado emocional. Tales energías tienden a propagarse tanto por el ser biológico como por el ser emocional dando como resultado final, la totalidad del conocimiento. El cerebro es el órgano (si es que así se le pueda llamar) responsable de la producción, elaboración y distribución de los elementos esenciales para la animación y equilibrio armónico, tanto biológico como emocional de todo individuo, especialmente, de aquellas sustancias de carácter genético y las energías que constituyen el conocimiento. El cerebro no es simplemente una masa encefálica colocada dentro del cráneo como un simple órgano más. Es el centro de mando donde se recopilan, se procesan y distribuyen las emociones por la totalidad de la estructura biológica y luego se manifiestan como estado emocional. Además de las sustancias puras provenientes de la materia, el cerebro se nutre de las energías electromagnéticas y de las experiencias que recibimos a través de los distintos mecanismos sensoriales dispersos por toda la estructura biológica a lo que podríamos definir como: sensores sensitivos (sensibilidad), receptores y emisores de emociones para luego ser enviados a modo de descargas a cada célula. El cerebro es el punto de partida de todas las emociones que experimenta de manera continua todo el ser, pues, es aquí donde se elabora y da forma al perfil emocional de todo aquello que percibimos a través de los sentidos. El cerebro se nutre de sustancias puras negativas extraídas de los alimentos, sustancias puras positivas extraídas del oxígeno, del tacto, del sonido, de imágenes, sabores, olores y de las energías provenientes del universo. Todos estos elementos son procesados y convertidos en una y única sustancia energética néctar, que luego se transforma en emociones, las emociones en ideas, las ideas en palabras y las palabras en acontecimientos. Tales acontecimientos pueden ser, materiales o emocionales.

Existe una sustancia que misteriosamente es elaborada por el cerebro, compuesta de energía y materia que al mismo tiempo lleva incluido todos los elementos genéticos que dan identidad a la especie. Dicha sustancia es conocida como esperma. Es la sustancia más pura producida por el cerebro y luego es enviada a las glándulas llamadas gónadas, mejor conocidas como testículos, lugar en donde en fracciones de segundo después de una eyaculación emerge como torrente supliendo de inmediato la cantidad exacta que ha sido desalojada o eyaculada. Tal fluido, luego de ser depositado en el testículo entra en un proceso de maduración acelerada, de manera, que en unos cuantos minutos después de ser depositado en el testículo adquiere la categoría de espermatozoides o micros vidas. Es decir, que ya contiene todas las propiedades para juntamente con el óvulo o huevo de la hembra constituir un individuo dotado de todas las condiciones que le hacen idéntico a su especie según su naturaleza. En el caso específico de la especie humana, ya viene incluida la singularidad de las energías del conocimiento, exclusivo de esta especie. En cuanto a la especie humana, tanto el espermatozoide como el óvulo traen consigo encriptado en el código genético, el GEN del conocimiento el cual nos hace hereditarios del mismo creador.

Con relación al óvulo, este no es una sustancia producida de manera instantánea como en el caso del espermatozoide, sino, que este es constituido en el mismo instante en que la hembra es concebida en el vientre materno, o sea, que el óvulo no pasa por el proceso que pasa el espermatozoide, sino que este crece y madura en la matriz de la hembra y luego adquiere las condiciones necesarias para la fecundidad. En el óvulo ya preexisten todos los elementos vitales al igual que en el espermatozoide para generar la vida. Por tanto, uno no es jamás sin el otro. Del mismo modo que se heredan los rasgos biológicos de ambos progenitores, de la misma manera se heredan los elementos emocionales que constituyen el conocimiento, por lo que se podría dificultar aún más la noción de acontecimientos remotos.

En este proceso no existe en lo absoluto ningún estado de alteración genética que conlleve término evolutivo alguno que dé como resultado la evolución o generación de una especie diferente.

Cuando suele darse algún tipo de hibridación entre dos individuos semejantes pero que pertenecen a la misma especie se da origen a un tercero, el hibrido generado no progresa, por el contrario, se degenera ya que no existe compatibilidad en los componentes genéticos (no idénticos) que dieron origen al tercero. Cuando digo no idéntico me refiero a que no son intrínsecamente iguales, sino, simplemente semejantes, aun siendo de la misma especie.

Ejemplo: la unión de un caballo con una burra engendra un tercero que ni es burro ni caballo, sino, un hibrido llamado mulo o semino el cual no constituye una especie diferente ya que no tiene la facultad biológica para engendrar y establecer una nueva especie. En el hibrido se degenera toda posibilidad de una nueva especie surgida de la mezcla de dos individuos semejantes de la misma especie, pero no iguales. El hibrido nunca constituye una especie en particular ya que la estructura de los elementos genéticos esenciales se degeneran perdiendo toda identidad con la línea genética de sus progenitores. Lo mismo pasa con los demás reino. Un limón hibridado con toronja aun siendo de la misma especie de los cítricos, el tercero surgido de la mescla de los dos anteriores no constituye una nueva especie de cítrico ya que pierde la facultad de germinar.

En el caso del ser humano, no se puede señalar ni un solo caso de hibridación puesto que no existe ninguna otra especie que pueda ser compatible con la especie humana, es totalmente imposible ya que los componentes esenciales de la estructura humana, incluyendo los componentes del conocimiento, resultan totalmente incompatibles con las demás especies, por lo que hay que descartar de manera absoluta y definitiva cualquier tipo de alteración evolutiva en el desarrollo de la especie humana. La especie humana es una, única, múltiple y universal.

Cada especie es idéntica a si misma difiriendo de las demás por sus intrínsecas características, aunque en algunos casos existen semejanzas entre individuos de la misma especie, pero que no son más que semejanza ya que se diferencian por sus características distintivas las cuales se manifiestan claramente en el hibrido procedente de progenitores semejantes de la misma especie. El hibrido nunca constituye una especie diferente ya que es estéril, esto aplica para todo los reinos.

Existen algunos teóricos que pretenden atribuir el origen del ser humano a la alteración del ADN humano por los dioses de la antigüedad. Con todo el respeto que se merecen, si esto hubiese sido cierto habría que concluir, que en la manipulación del ADN, debieron alterar también el ADN de las distintas razas que cohabitan el planeta tierra, que por cierto, aun siendo la misma especie guardan marcadas diferencias físicas y socioculturales con cada una de las demás razas, pero en esencia es la misma especie. Yo reitero. La humanidad que conocemos es relativamente joven, no tiene más de 7,000 años que habita en el planeta tierra, por lo que no es posible que en un periodo de tiempo relativamente corto se haya diversificado de la manera que esta diversificada. Puedo afirmar con toda certeza, que los humanos provenimos de diferentes puntos del Universo aunque desde el principio fuimos creado con el mismo ADN y quizás en el mismo lugar y luego traídos al planeta tierra. Basta ya de ingenuidad. Comparece a un Asiático, un Negro, un Nórdico, un Árabe, un Hindú con un Indígena, notará las diferencias biofísicas y socio culturales entre cada uno, pero aun con esas marcadas diferencias, somos la misma especie. Fuimos creados en algún lugar específico del Universo y luego dispersados a diferentes puntos en donde adquirimos cierta individualidad racial debido a las características climatológicas de determinados planetas y finalmente, plantados en el Planeta tierra. Genéticamente somos la misma especie, pero procedentes de planetas diferentes del Universo cercano.

A qué se debe que las distintas culturas del mundo conservan en sus tradiciones, que tanto ellos como sus dioses procedían de las estrellas y que luego los dioses les enviaban mensajeros para trasmitirle conocimiento, especialmente en todo lo relacionado a la agricultura y la astronomía entre otros.

No es posible que todavía estén apareciendo pequeñas tribus en la Selvas Amazónicas y en otras partes del planeta con un número de personas sumamente reducidos de 200 a 300 personas por Tribus y aún se desconoce la procedencia de estos humanos; Tribus con costumbre e idioma totalmente diferente. No es posible que en un periodo de tiempo relativamente corto, dos o tres personas hayan sido capaces de crear su propia raza con una cultura y un idioma singular, por lo que tenemos que concluir; que el ser humano venga de donde venga, es ultra inteligente. No hay manera de afirmar que determinadas tribus tienen miles o millones de años de existencia en determinadas zonas, eso no es posible, o simplemente, que un hombre y una mujer se pusieron de acuerdo y decidieron irse a la selva, lejos de la civilización para formar su propia tribu. Eso no es posible. Lo que sí es posible es, que tales tribus hayan sido traídas de otros planetas y plantadas recientemente en el planeta tierra. Tengo la sensación de que miles de personas y animales desaparecidos a lo largo de la historia han sido trasladados a otros planetas al igual que pasó con nuestros ancestros, que fueron traídos de diferentes puntos del universo cercano, por lo que concluyo con el siguiente postulado:

>**La evolución nunca ha existido, ni existe, ni existirá jamás. Cada especie es idéntica a sí misma sin que se pueda alterar de manera significativa la esencia de su ADN. La creación Bíblica tampoco existió ya que ni siquiera los mismos exégetas, hagiógrafos y teólogos han podido señalar con exactitud la ubicación geográfica ni el tiempo de fundación del Jardín del Edén. Sin lugar a dudas: Somos creación pero no en este Planeta. fuimos colonias plantadas en la tierra desde el principio.**

SESION = II

ORGANOS LABORATORIOS BASICOS

Antes de definir las distintas sustancias que constituyen y dan razón de ser a todas aquellas sensaciones y emociones que se producen en el cerebro, me voy a permitir tratar sobre los órganos tipo laboratorios fundamentales del cuerpo biológico, entre ellos uno en específico, el cual es el primer laboratorio cuya función es producción, selección y separación de materias primas fundamentales para la generación de sustancias básicas en el cerebro de cada individuo. Me refiero nada más y nada menos que al estómago.

1ro. El estómago

Su principal función es recensionar todo aquello que ingerimos, elaborarlo (digestión), seleccionarlo y luego distribuirlo a los órganos correspondientes; ejemplo: la sangre al hígado, las materias fecales a los intestinos y líquidos de desecho al riñón etc.

Por este órgano tener tantas responsabilidades en todo lo que es el sostenimiento del sistema biológico se constituye también en el órgano receptor principal en donde se originan las emociones reflejándose posteriormente en todo el ser.

Es de conocimiento común que cuando ocurre algún estado emocional intenso, donde se siente primero es en el estómago, ¿Por qué lo sentimos en el estómago? Sencillamente, porque ha habido un consumo sorpresivo de energías y todos los demás órganos demandan del estómago materias primas para suplir las energías desalojadas para reponer a modo de sustancias que por tal motivo han sido desalojadas por determinados órganos. Es entonces que este órgano (el estómago) se ve en la necesidad de trabajar a toda capacidad para suplir la demanda. Es por eso que muchas veces sentimos que el estómago se contrae lo que causa ciertas molestias estomacales. Podríamos deducir, que alimentación y emociones están estrechamente ligadas ya que las emociones son el mayor consumidor de sustancias estomacales.

Un estado emocional frecuente va a provocar cierto desequilibrio, alteración o irregularidad en el buen funcionamiento estomacal, ejemplo: indigestión, falta de apetito, ansiedad, gastritis, estreñimiento, diarrea, ulcera y en última instancia, cáncer estomacal. Esto puede suceder ya que el estómago está sujeto de manera permanente a la elaboración de materia prima para suplir a los demás órganos encargados de nutrir al cuerpo de las sustancias esenciales para el equilibrio, tanto físico como emocional, pero si este por determinadas circunstancias no está en capacidad de producir la demanda requerida, podría fácilmente resultar afectado física y emocionalmente. Cuando ocurre un descontrol estomacal por lo general la causa principal ha sido un descontrol emocional.

2do. El hígado

Funciona como un segundo laboratorio cuya misión es separar las distintas sustancias que recibe del estómago seleccionando y purificando la sangre para luego enviarla al corazón y a través de este ser distribuida por todo el cuerpo. Este órgano se encarga de separar y enviar cada sustancia al órgano correspondiente quedándose solo con la sangre ya purificada para suplir el corazón de acuerdo a la demanda del cuerpo. Las sustancias toxicas las envía a sus respectivos órganos para luego ser desechadas mientras que las sustancia más pura como es el oxígeno lo envía al pulmón.

3ro. El pulmón

El pulmón es el tercer laboratorio encargado de la última purificación de las sustancias esenciales con las cuales trabaja el cerebro (sustancia pura negativa, proveniente de los elementos y sustancia pura positiva proveniente del oxígeno exterior), allí finalmente son procesadas y purificadas; el monóxido de carbono es expulsado hacia afuera quedando única y exclusivamente la energía pura la cual es enviada al cerebro en forma de vapor en donde finalmente son procesadas y combinadas con otras energías que vienen dadas a través de las ondas electromagnéticas procedente de todos los puntos del Universo resultando así en una y única Energía que luego será distribuida por todo el cuerpo cuyo objetivo fundamental es, armonizar y dinamizar tanto el cuerpo biológico como el estado emocional del individuo.

Ante de concluir con este tema quiero resaltar lo siguiente: El corazón no es un órgano receptor ni productor de emociones, sino, que es un órgano cuya función es única y exclusivamente la distribución de sangre por todo el cuerpo una vez procesada y purificada por el hígado. El corazón es un órgano suplidor de acuerdo a la demanda del organismo biológico, es por eso que dicho órgano mantiene un ritmo de operación permanente.

Tradicionalmente, la mayoría de las gentes le atribuye las emociones al corazón aun cuando sabemos que el corazón no es más que un órgano suplidor de sangre a todo el cuerpo. Cuando las emociones tienden a alterar el metabolismo biológico por algún motivo, este acelera su ritmo para suplir la demanda de sangre requerida, es por eso que todo el torrente sanguíneo tiende a alterarse, mayormente si el estado emocional es un ataque de ira.

De todos los órganos del cuerpo, el de mayor recepción de emociones es el estómago (no así el corazón) ya que el estómago por cada emoción procesada por el cerebro, por mínima que esta sea, recibe un mínimo de contracciones estomacales, es por eso que el estómago es el órgano que más riesgos tiene de enfermar, y por lo general, cuando este es afectado por alguna razón, por lo regular los demás órganos también tienden a debilitarse puesto que no reciben de manera eficiente las sustancias básicas. Todos los órganos del cuerpo tienen que trabajar en armonía con el estómago ya que por necesidad dependen de este.

SESION = III

SUSTANCIAS CON QUE FUNCIONA EL CEREBRO

Primero: Sustancia pura negativa.-

Esta sustancia se obtiene de los alimentos y los líquidos que ingerimos. En el proceso de digestión el estómago se encarga de separar la sustancias esenciales de los desechos, luego son enviadas al hígado el cual se encarga de reelaborarlas separando minuciosamente cada una de ellas; aquí podríamos categorizar cuatro sustancias fundamentales como son: la sangre, los tóxicos, los desechos y el oxígeno, este último podríamos considerarlo como el néctar de la materia ingerida que luego va a ser enviado al pulmón en donde tendrá el proceso final de reelaboración.

Segundo: Sustancia pura positiva

El pulmón se encarga de separar el monóxido de carbono tanto del oxígeno extraído de los alimentos así como del aire que respiramos convirtiéndolos en una sola sustancia vaporizada y energizada. Convertidas ya en una sola sustancia energética es enviada al cerebro y ya depositada en el cerebro esta se convierte en energía electromagnética para luego ser distribuida por todo el cuerpo en forma de emociones.

Tercero: Frecuencia y energia electromagnetica.-

Son aquellas energías provenientes de distintos puntos del universo y que asimilamos a través de las hondas magnéticas las cuales van dirigidas directamente al cerebro ya que es aquí donde reside el centro magnético del ser biológico. Es precisamente aquí donde ya fueron depositadas las dos primeras sustancias (positiva y negativa) convertidas en energía la cual ejerce una fuerza de atracción inconmensurable sobre las hondas magnéticas ya que dispone de los elementos esenciales para atraer y posteriormente encender la chipa de la animación cerebral. Dichas energías se mezclan y se constituyen en un solo cuerpo energético vital que convierte el cerebro en el centro de mando emocional de toda la estructura biológica.

Las ondas electromagnéticas como tercera energía traen consigo todos los componentes que constituyen el Universo y es por eso que son estas las fuentes esenciales que actúan como chispa magnética que encienden todas las sustancias o energías concentradas en el cerebro convirtiéndolas en un torrente energético que fluye por todo el ser biológico y emocional poniéndolo en movimiento constante en total armonía con todo el Universo. Del mismo modo que atraemos dichas energías, de la misma manera las reenviamos al exterior en forma de hondas. Es por eso, que de acuerdo al estado emocional que producimos como individuo, de ese mismo modo será la intensidad energética vibracional que esparciremos y transmitiremos en el entorno.

SESION = IV

CONOCIMIENTO PRE-CONCEBIDO

Estas tres energías que hemos señalado anteriormente son aplicables a todos los seres vivos, mientras que los humanos nos distinguimos de las demás especies, precisamente, porque a esas energías le añadimos un cuarto elemento; **el conocimiento pre-concebido o pre-existente** que contiene la insustancia de la sabiduría y del conocimiento sublime, que es exactamente el elemento que nos distingue de las demás especies. El conocimiento preconcebido viene expresado en lo que yo llamo, **micro partículas luminosas**. En estas micros partículas viene contenida la herencia vital del creador. Dichas partículas se encuentran dispersas en todo el ser físico; en cada hormona, en cada célula, especialmente en las neuronas cerebrales las cuales están compuestas de un alto porcentaje de dichas partículas. Otras zonas donde se encuentran alojadas estas partículas son: el rostro, especialmente en la vista, el oído, la garganta y las manos ya que son estas las zonas de mayor recepción de conocimiento que nutren el cerebro.

Existen personas que poseen un mayor porcentaje de estas micro partículas, es por eso que no es extraño que sus habilidades se desarrollen con más facilidad ya que tales personas reciben mayor cantidad de energía proveniente de las hondas magnéticas lo que hace que su cerebro produzca mayor nivel de frecuencia vibratoria que luego se va a traducir en energía, haciendo que su estado emocional sea más elevado e intuitivo.

Por lo regular, cuando a un individuo le falla uno de los dos primeros elementos (sustancia negativa o sustancia positiva) todo el sistema, tanto biológico como emocional comienza a debilitarse hasta el punto en que el individuo podría mostrar cierto desequilibrio tanto físico como emocional. Esto funciona como si fuera un sistema de bombillas, que de repente se le desconecta uno de los polos, todo el sistema energético de manera irreversible se neutraliza. De aquí el que estas dos primeras sustancias; (pura negativa y pura positiva) sean esenciales de igual manera para que las dos posteriores (hondas magnéticas y micro partículas) actúen con total y absoluta eficiencia.

Estos cuatro elementos o energías que hemos señalado anteriormente, trabajan en íntima conexión constituyéndose en una y única energía la cual va a fluir por todo el ser tanto emocional como biológico tienen como punto de partida el cerebro. Tal energía fluye como si fuesen relámpagos o descargas eléctricas afectando positiva o negativamente, tanto el sistema emocional como el sistema biológico dependiendo del acontecimiento.

Además de que estas micros partículas luminosas son las portadoras del conocimiento primigenio u original, son también las portadoras de la herencia biogenética del individuo desde su más primitivo origen, es como si se tratara de un cordón atado a un tronco común que se extiende de manera infinita de generación en generación manteniendo siempre la identidad y esencia original. Me refiero de manera específica, a las características exclusivas que reflejan la línea de continuidad biológica hereditaria inherente a la cadena genealógica que hace que la especie humana sea idéntica con consigo misma y totalmente distinta de las demás. Por ejemplo; la pigmentación de la piel, pelo, sonido o timbre de voz, conformación Facio-estructural y conducta emocional entre otras.

El individuo no viene como un único paquete con todo incluido, sino, que se va complementando con una multiplicidad de elementos emocionales externos los cuales lo van a moldear acorde con el medio que le rodea, comenzando por el aprendizaje común como elemento básico para la adaptación a dicho medio, luego intervienen los elementos energéticos que de manera inconsciente recibe del entorno familiar más cercano, después toda la carga emocional que le va a influir la sociedad tanto directa como indirectamente, y por último, la intervención del universo el cual le proporciona todas las energías básicas para su armonización con el conjunto universal. Energías que son atraídos por necesidad gracias al misterio de la naturaleza que envuelve todo cuanto existe y que resulta imposible descifrar teóricamente. Somos esencialmente con el todo; materia, energía y espíritu lo que nos constituye en una y única unidad sin que se fracture de ningún modo el cordón de origen.

Conocer lo que nos rodea no es más que reafirmar el conocimiento existente pre-concebido. Todo individuo esta acto para conocer todo cuanto existe dentro y fuera de sí, e incluso, aquello que pasa por su pensamiento y que parece fantasía. Todo lo que es pensamiento o idea puede convertirse en algo concreto, todo lo que es pensado, de alguna manera existe o a existido luego puede materializarse. No hay una sola realidad que primero no haya sido un simple pensamiento o una simple idea. Toda idea o pensamiento surge de manera indiscutible de un determinado acontecimiento o experiencia. Los pensamientos surgen como pequeñas nubes que se forman de la nada y que luego circulan por el espacio sin rumbo fijo, aparecen, se diluyen y vuelven a aparecer. Son realidades que vienen y van, son como esas simples nubecillas que luego se convierten en torrenciales.

El conocimiento lo constituyen, precisamente, todos esos pensamientos e ideas que como pequeñas porciones de nubes circulan en el espacio, nubes que de momento existen y que instantáneamente desaparecen. De ese mismo modo aparecen las ideas en la mente humana y que de repente ponen todo el ser emocional en movimiento. Las ideas no son meras fantasías, son realidades que buscan ser atrapadas y convertidas en acontecimientos. Pueda que tales ideas solo existan en tu cerebro, y es lógico ya que tu cerebro es único, por eso tus ideas son únicas y exclusivas. Son tus propias realidades que buscan consistencia en ti y no pasar como puras fantasías como aquellas simples nubes que de repente aparecen y que luego se van diluyendo hasta desaparecer en el espacio. Esto es lo que llamamos imaginación.

Descifremos la palabra imaginación:

Imaginación: es todo aquello que pasa por nuestras mentes sin forma precisa queramos o no, pasa porque tiene que pasar ya que esa es la esencia de nuestra mente, mantener el cerebro activo y en movimiento permanente. Son imágenes que están ahí en la ultra memoria ancestral las cuales adquieren vida en la memoria temporal. Las ideas pasan por nuestra mente una y otra vez porque la mente no es más que un baúl de reminiscencias donde están guardados los acontecimientos ya vividos desde el origen de nuestra existencia.

IMAGINACION. Del latín, imaginatio

Imagin: significa imagen.

Acción: significa movimiento.

IMAGINACION= Imagen en movimiento.

Si somos capaces de pensar y poner en movimientos imágenes que pasan por nuestra mente, es porque esas imágenes preexisten en nuestro cerebro y tienen una importancia capital en nuestra memoria.

El conocimiento es fruto del cúmulo de experiencias, tanto ancestrales como del pasado reciente además de todo aquello que nos rodea y que de algún modo nos ha producido o nos produce un determinado estado emocional.

La imaginación es la fuente inagotable de conocimiento que fluye espontáneamente en lo más recóndito del cerebro, muchas veces sin el consentimiento expreso del consciente, es por eso que a través de esta nos conectamos y comunicamos con lo sublime y trascendente, con lo invisible y lo intangible, con el pasado y subliminarmente con el futuro. La imaginación es la fuente o canal a través del cual el Universo nos brinda infinitas posibilidades.

SESION = V

NIVELES DE CONOCIMIENTO

A)-Nivel común o regular.

B)-Nivel superior.

C-Nivel sublime o supremo.

Todo ser humano está dotado de estos tres niveles de conocimiento, aunque la gran mayoría solo alcanza el primer nivel, o sea, el nivel común o regular ya que el medio donde se desarrolla determinado individuo solo puede ofrecer dicho nivel.

Por naturaleza, todo individuo puede desarrollar niveles de conocimiento superior y sublime si se lo propone puesto que nuestro universo cerebral está dotado de la suficiente capacidad para asimilar todo el conocimiento que le sea permitido.

El conocimiento no tiene limite, todo lo contrario, mientras más el individuo conoce mayor es el campus universal de asimilación del cerebro pues se amplía el deseo de penetrar aun lo desconocido, o sea, que mayores son los espacios que se abren en la inteligencia para atraer nuevos conocimientos. Tal es así, que cuando alguien logra atrapar uno de esos pensamientos que como nubes pasan por la mente se da cuenta que las ideas no son meras fantasías, sino, que son acontecimientos en desarrollo, aunque por lo general, el cerebro lo procesa como fantasías.

Las ideas no son fantasías, son fantásticas porque son realidades que solo pasan por tu mente, no por la mente de nadie más. En tu mente o imaginación tienen una forma, una medida, un color, una dimensión. Tienen vida si tú les da vida. A veces es más fácil dejarlas volar como nubes que se lleva el viento que convertirlas en realidad, es por eso que pasan como meras fantasías.

Cuando me refiero a que todo individuo posee conocimiento desde antes de ser concebido en el vientre materno, (conocimiento preconcebido), me refiero precisamente a la animación y habilidades que posee esa primera semilla llamada espermatozoide para dirigirse directamente al encuentro del óvulo que es su complemento ya que sin la presencia física de este no puede germinar la plenitud de la vida. Existe en este el germen del conocimiento por eso se dirige de forma precisa hacia el encuentro con esa otra parte (el óvulo), que se unirán y se constituirán un solo individuo. Es por eso que con fuerza y decisión se dirige velozmente a su encuentro, eso significa que por lo menos posee la semilla del conocimiento ancestral que le permite intuir el futuro de su propia existencia, o sea, la sobrevivencia como individuo y la perpetuidad de su especie. Él sabe de manera inequívoca a dónde está el óvulo y como encontrarlo, se pone en movimiento y acelera su marcha para llegar hasta el objetivo y ser el primero en alcanzarlo ya que de sus habilidades y destrezas dependerá su sobrevivencia. Del mismo modo, el óvulo está dispuesto a y la espera de ese encuentro culminante dando prioridad entre millones al espermatozoide de su preferencia. Ambos saben que si ese encuentro no se efectúa, no habrá jamás posibilidad de sobrevivencia. Luego de este extraordinario encuentro místico, ambos se funden convirtiéndose en un solo y único ser. Es a través de ese encuentro que se constituye la esencia que da continuidad y permanencia a la especie así como la existencia de un individuo único de dimensión universal.

El conocimiento preconcebido por ser primigenio se constituye en artífice de la arquitectura biológica que luego va hacer usada como morada natural del propio conocimiento y a partir de aquí, todo el ser biológico va estar animado, dirigido y gobernado por el mismo conocimiento. Ningún movimiento se produce en el cuerpo físico que no sea determinado por el conocimiento, aun, la más mínima acción del cerebro no actúa si no es a través de un mandato del conocimiento. Nada ocurre en el universo humano que primero no haya sido decretado por esta fuerza motriz denominada conocimiento.

El conocimiento al que me refiero, no es algo que el individuo comienza a asimilar previo al nacimiento, sino, que es una condición preexistente en el ser desde antes de nuestros ancestros. Si el conocimiento comenzara a partir del nacimiento habría que concluir, que el tiempo resultaría muy corto para el cumulo de aprendizaje con que cuenta el individuo. El conocimiento no es más que una chispa de luz cargada de energía y magnetismo colocada en nuestro ADN desde el mismo instante en que fuimos creados, precisamente, eso es lo que nos hace distintos y al mismo tiempo semejante a los demás y al mismo creador. Sin lugar a dudas, estamos constituidos de la misma naturaleza, sustancias y energías que está constituido todo el Universo. Es aquí el verdadero secreto de la alquimia sagrada.

Fuimos creados con capacidad suficiente para asimilar cualquier tipo de conocimiento por complejo que parezca. Solo y a partir del nacimiento, el individuo comienza a asimilar el nivel común o regular, pero eso no significa que comenzó a partir de cero, sino más bien, que tuvo que adaptarse al medio donde debía desarrollar su capacidad de aprendizaje, es por eso que por lo regular, el individuo solo alcanza el nivel de conocimiento común, o sea, el nivel del medio que le rodea, aunque se dan ciertas excepciones ya que en algunos casos hay individuos que aun adaptándose al medio que le rodea sobrepasan el nivel de conocimiento común aunque para ello tengan que aislarse de los demás. Estos individuos son considerados como raros, precisamente porque su nivel de conocimiento está por encima de lo común o regular.

Definición de cada nivel de conocimiento.

A) Conocimiento común:

El conocimiento común o regular, es aquel que desarrolla todo individuo acorde con los patrones preestablecidos en un medio determinado.

En cuanto el individuo comienza a existir biológicamente en el vientre materno, comienza a asimilar los patrones establecidos por la sociedad y desde ese instante empieza a adaptarse y ajustarse a los patrones de determinada sociedad los cuales se comienzan a asimilar a través de la madre, pues, es atreves de ella que se asimila las informaciones emocionales que van a moldear al individuo para poder convivir en el futuro en armonía con lo ya establecido, aunque eso no sea lo correcto, pero que hay que pensar cómo piensan los demás aunque se atrofie todo potencial de conocimiento superior o sublime, de aquí que todos hacemos lo que hace la mayoría, es a esto a lo que llamo; conocimiento común o regular que viene dado como un imperativo categórico en el cual todos nos iniciamos. Es como si se nos entregara un paquete herméticamente sellado en el mismo instante que fuimos engendrados donde se nos indica: estas son las reglas.

B) Conocimiento superior:

El conocimiento superior, es aquel que es capaz de transformar e innovar realidades ya existentes imprimiéndole impronta de aparente originalidad.

Todo individuo podría pasar del nivel de conocimiento regular al nivel de conocimiento superior, nivel que consiste en la creación de ideas para mejorar o modificar las ideas ya existentes; ejemplo, el que inventó la máquina de escribir modificó la imprenta, el que inventó el teléfono modifico el telégrafo, el que inventó el neumático modificó la rueda de madera, el que inventó la máquina de coser modificó la aguja de tejer, el que inventó el avión modificó el primer aeroplano de madera entre otras.

El conocimiento superior hace que las cosas ya creadas adquieran un nivel mayor de perfusión, esto solo se logra tomando la idea primaria imprimiéndole un profundo sentimiento de pasión y creatividad haciendo que todo el sistema cerebral trabaje en torno a dicha idea. Pongamos un ejemplo, usted ve una casa que quiere comprar, supongamos que no le gusta el diseño, pero la compra porque le gusta el lugar, en cuanto se interesó por la casa, en usted comienzan a fluir pensamientos sobre qué cosas cosas le modificaría si la compra para ponerla de acuerdo a su gusto. O sea, que en su mente se genera un nuevo diseño que resultara de ideas nuevas. Es aquí cuando comienza la pasión a dominar todo el sistema cerebral en torno a la idea de modificación de dicha casa. Es un conocimiento superior porque ha surgido un pensamiento o idea nueva partiendo de algo ya creado. Ya existe la casa con toda una estructura, luego surge la idea de reestructuración y alrededor de esta varias ideas más, una para cada área que se va a remodelar y luego cantidades de ideas alrededor de la idea de remodelación de cada área. Quiero hacer esto. Es la palabra clave que proyecta la idea. "quiero" es lo que crea la motivación y lo que conduce a la acción para materializar el objetivo y concretizar la idea o pensamiento.

Para ningún nivel de conocimiento se necesita ser académico, por supuesto que la academia puede ayudar en la elaboración y perfección de ideas, pero por muy académico que uno sea no determina que se tengan las mejores ideas. Las enseñanzas académicas facilitan el flujo de ideas en el conocimiento superior precisamente por el cúmulo de imágenes que han pasado por la memoria durante todo el proceso de aprendizaje y que muchas de ellas podrían permanecer archivadas en la memoria. Cantidades de grandes y extraordinarios inventos han venido de personas sin mucha academia, mientras que cantidades de académicos no han creado nada. La academia ayuda en cierta forma pero en esencia no es factor determinante para la creatividad.

Para el conocimiento superior, lo ya existente es una fuente de inspiración que ilumina el sentimiento de creatividad al tiempo que reactiva el espíritu de perfección de las cosas ya existentes. Todo cuanto sucede a su alrededor es de su interés por que le trasmite siempre algo nuevo. Las nuevas ideas fluyen y se fortalecen con mayor facilidad pues encuentran una base en la cual soportarse.

C) Conocimiento sublime o supremo:

Es aquel que nos permite navegar en el infinito cuyo objeto es, alcanzar y atraer ideas de alta trascendencia para convertirlas en acontecimientos reales.

El conocimiento sublime tiene como base primigenia: 1ro, el amor al supremo creador, 2do, el amor al universo, 3ro, el amor a la humanidad y 4to, el amor a todo cuanto existe dentro y fuera del propio conocimiento. Estas son las fuentes esenciales de donde se nutre dicho conocimiento.

El conocimiento sublime se eleva hacia el infinito en busca de lo original y sublime para materializarlo. Se entrega de manera total a la idea nueva que ha atrapado de la nada. Este es un conocimiento sagrado que está orientado al bien absoluto. Es un don divino. El conocimiento sublime a pesar de ser un bien sagrado, podría ser distorsionado cuando está orientado a producir algún tipo catástrofe como el descubrimiento de sustancias nocivas o armas de destrucción masiva por ejemplo; la Bomba atómica, la Bomba nuclear o arma biológica.

Hay descubrimiento que sin lugar a dudas han contribuido con el desarrollo de la humanidad como es el motor de combustible fósiles, que sin la menor duda ha sido uno de los acontecimientos de mayor trascendencia para la humanidad, pero que al mismo tiempo ha traído como consecuencia la desestabilización o desbalance del planeta con el universo ya que la extracción de más de mil millones de barriles de petróleo diario lo que supone una pérdida de peso para el planeta de más de 200,000 doscientas mil tanelas por día, o sea, 73,000,000 setenta y tres millones de toneladas por años, esto multiplicado por 100 años, sería igual a 7,300,000,000 (siete billones trescientos mil millones de toneladas) lo que resulta una cifra descomunal, más que suficiente para que el planeta pierda su estabilidad y armonía con el Universo.

El uso inadecuado de lo sublime resulta contraproducente tanto para la humanidad como para el mundo. Es decir, que ideas que provienen de lo sublime podrían ser distorsionadas, más cuando se ven envueltas por intereses económicos de particulares.

Lo que en realidad me interesa es, hacer notar lo que es capaz de alcanzar el conocimiento cuando lo dejamos fluir sin que se bloqueen los pensamientos o ideas que nos vienen cargadas de innovaciones. Pienso en esta frase: "el mundo está lleno de cosas grandes, gracias a ideas que parecían pequeñas." Del libro de mi autoría titulado: **Ideas Cumbres**. Solo mire a su alrededor, o sencillamente observe el vestuario que lleva puesto. Todo lo que lleva en sima fueron ideas sublimes; la aguja, el tejido, el diseño, el bordado, el calzado, etc. Ahora mire un poquito más allá, observe lo sublime de las ideas. Todo eso que ve y otras tantas que no ve, fueron ideas que el conocimiento sublime fue capaz de arrebatarle al universo y convertirlas en realidad tangibles. Si toma usted en este instante un teléfono y llama a un amigo o pariente a cualquier lugar del mundo, en segundos estará conversando como si esa persona estuviera en su presencia. ¿Acaso no fueron esas ideas fruto del conocimiento sublime? Cuando escucha una emisora de radio o ve la televisión ¿acaso no es esto grandeza del conocimiento? Gracias a la grandeza del conocimiento estamos penetrando la inmensidad del espacio y muy pronto nos encontraremos con otros seres con conocimiento cien veces más avanzado que el nuestro.

A través del conocimiento sublime nos asemejamos al creador. Existe por lo menos una idea sublime en usted, solo tiene que rasgar y rebuscar en el archivo de su memoria, si la encuentra trate de atraerla y convertirla en realidad, de lo contrario no se parecerá jamás a su creador. No nos parecemos al creador simplemente porque engendramos a otros seres, no, ese es un proceso natural de todo ser vivo. Nos parecemos al creador en el conocimiento sublime, en la sabiduría plena y en el amor infinito, esos son los factores que elevan nuestro espíritu hasta el creador del Universo y de todo cuanto existe. El conocimiento es la propia esencia del creador esparcida por todo el Universo, es precisamente esa esencia lo que nos hace su semejanza y por tanto, participe de la sabiduría universal e infinita.

SESION = VI

ZONAS BIOLOGICAS DE MAYOR RECEPCION DE CONOCIMIENTO

Primero: el rostro, que es donde se encuentran los principales recetores del conocimiento; la vista, el oído, la nariz y la boca.

Segundo: parte central del cráneo, o sea, la parte en que durante la niñez es blanda. Esta zona es la responsable de atraer las energías electromagnéticas para así reactivar todas las neuronas cerebrales.

Tercero: el tacto, el cual está diseminado por todo el cuerpo y se comporta como una gran antena receptora de energías convirtiéndolas en emociones dependiendo de la intensidad de cada circunstancia.

Cuarto: las manos, que además de las infinitas funciones que realizamos a través de estas, son un canal de recepción y transmisión de energía en lo que los dedos se constituyen en poderosas antenas receptoras y al mismo tiempo emisoras de energías. Por nuestras manos emana tanta fuerza energética que somos capaces de producir impactos tanto emocionales como electromagnéticos al contacto con algún objeto o persona. En las manos se concentra un poder energético inconmensurable, tan así, que con las manos se pueden crear y transformar circunstancias tanto positivas como negativas. Las manos son uno de los canales a través del cual el cerebro se nutre de conocimiento ya que recibe, confirma y comunica un cumulo de realidades tanto físicas como emocionales.

a) **El Rostro:**

El rostro es quizás la parte más fundamental de toda la estructura humana, este es como el espejo por el cual se proyecta y al mismo tiempo se recepciona la gran mayoría de las emociones. A través del rostro se puede leer cualquier estado de ánimo de una persona sin necesidad de que se exprese con palabras. Ejemplo: amor, alegría, miedo, angustia, preocupación, ira, odio, compasión, fortaleza, reciedumbre, indecisión entre otras. Con cada tipo de emoción el rostro adquiere un matiz diferente, un brillo, un color y muchas veces hasta una especie de humedad donde cambia por completo sin que nos demos cuenta.

El rostro es un receptor de conocimiento, especialmente toda la parte superior de la cara, o sea, la frente. Cuando cerramos los ojos y pensamos o deseamos algo tendemos a ver ese objeto como si estuviésemos un ojo en la frente logrando ver más allá, es a lo que llamamos imaginación. El tercer ojo lo utilizamos más que los ojos físicos, este lo utilizamos aun con los ojos abiertos. Los ojos físicos solo los usamos para percibir el entorno. La mirada del tercer ojo va más allá, va directamente hacia el objetivo deseado sin importar el tiempo y la distancia. Siempre que pensamos en algo estamos utilizando ese tercer ojo aunque tengamos los ojos abiertos. Cuán grande es nuestra capacidad cerebral ya que podemos ver dos realidades a la vez; aquella que imaginamos y todo aquello que tenemos al rededor. A través del tercer ojo podemos recorrer libremente todo nuestro Universo atrayendo realidades no existentes. Esto no es mera ficción, basta con observar todo cuanto existe a nuestro alrededor, todo lo que vemos son cosas que antes no existían, sin embargo, son objetos que después de haberlos capturado con el tercer ojos los hemos convertido en realidades tangibles. Todo esto fue primero traído a la memoria y luego materializado. Ahora yo pregunto:

¿Acaso no es este el medio de usted comunicarse con su Dios? ¿Es su Dios Mera ficción o es algo concreto que usted puede ver, sentir y tocar a través la meditación? Eso lo logramos precisamente a través del tercer ojo que es el ojo del conocimiento infinito. Del conocimiento supremo o sublime.

El rostro es fundamental ya que a través de este el conocimiento se nutre de todo el mundo exterior y al mismo tiempo el canal por donde fluyen las distintas emociones conservadas tanto en la ultra memoria así como en la memoria temporal. Todas las ideas convertidas en emociones se manifiestan a través de la vista, de las palabras y de las expresiones de todo el rostro. El rostro tiene un lenguaje que trasciende a la misma palabra. Un estado emocional se puede camuflar con palabra, pero no así con el rostro. El rostro siempre manifiesta la verdad porque siempre está impregnado de emociones. Por lo regular le preguntamos a alguien si en verdad le sucede algo aun que esa persona parezca normal porque podemos percibir en su rostro que algo no encaja con su estado de ánimo. Por más que queramos ocultar algo, el estado emocional se encarga de delatarnos.

Veamos en detalles los distintos canales por los cuales el conocimiento adquiere todas las informaciones para luego elaborarlas y proyectarlas.

b) La vista:

Sin lugar a dudas, los ojos son uno de los medios por el cual se adquiere mayor cúmulo de conocimientos ya que a través de estos podemos palpar las distintas realidades que se nos presentan de manera continua en sus distintas formas.

La vista, al tiempo que es un canal de recepción de informaciones es a la vez un medio de emisión de emociones ya que a través de esta nos podemos comunicar y trasmitir una serie de sentimientos sin tener que usar la expresión oral.

Con la mirada expresamos todo tipo de sentimientos, o sea, que proyectamos toda nuestra interioridad. Cada sentimiento se manifiesta con una expresión distinta y particular; no es lo mismo una mirada de satisfacción que una mirada de insatisfacción, una mirada de aceptación que una mirada de rechazo. Es totalmente distinta una mirada de derrota a una mirada de triunfo y así sucesivamente.

A través de la vista, el conocimiento selecciona todo aquello que le reviste alguna importancia, lo guarda en la memoria y luego lo convierte en estado emocional. Ejemplo: cuando chequeamos el registro memorial y encontramos allí el primer juguete, el que más nos impactó cuando era niño o niña, al recordarlo nos hace vivir de nuevo y quizás con mayor intensidad tal experiencia. Nuestra memoria a través de la imaginación nos hace regresar en su totalidad hacia ese momento y podemos ver de nuevo todos los detalles que ocurrieron allí en aquel momento. Recordar es poner en movimiento toda el área de la memoria temporal y desarchivar el acontecimiento de preferencia.

En los recuerdos siempre empleamos el tercer ojo que es lo que conocemos como imaginación. El tercer ojo o Glándula Pineal es lo que te da la facultad de poder ver acontecimientos tanto del pasado como del futuro, o lo que llamamos intuición. Todo aquello que el cerebro ha archivado en la memoria lo convierte luego en imaginación. Recordemos que imaginación significa, imagen en acción o movimiento.

Dicho ejemplo es aplicable a cualquier tipo de experiencia que de un modo u otro haya tenido algún grado de importancia en el historial personal.

c) Oído:

El oído es el órgano a través del cual el cerebro se nutre del conocimiento que viene dado a modo de sonido. Cada sonido tiene una significación distinta lo que hace que la memoria se vea en la necesidad de recrear y reconstruir imágenes relacionadas con determinado sonidos. Cuando escuchamos la caída de un sonido, de inmediato relacionamos ese sonido con un determinado objeto. Si escuchamos un sonido musical lo relacionamos con un determinado instrumento. Cuando escuchamos algún sonido estruendoso lo relacionamos con algún tipo de objeto o tempestad. Etc.

Una de las grandes maravillas del conocimiento es, convertir el sonido en imágenes, las imágenes reconvertirlas en palabras y las palabras en hechos concretos.

El oído es solo un órgano receptor de informaciones pero es probable que este sea el órgano fundamental que nutre al cerebro de la mayor cantidad de imaginación. Por cada sonido el cerebro se construye de manera simultánea varias imágenes y de entre ellas selecciona la que considera más correcta. Ejemplo: cuando escuchamos un determinado relato, el cerebro lo convierte en imágenes de acuerdo al énfasis que se le dé a la narración. Cuando escuchamos cualquier sonido nos imaginamos varias cosas que podrían ser o no ser.

d) La nariz y El olfato:
a través del olfato el cerebro puede detectar, percibir y distinguir los diferentes olores que están esparcidos en un determinado ángulo y al mismo tiempo los clasifica de acuerdo a su intensidad.

La nariz al tiempo que es un canal de recepción de informaciones es el principal órgano por el cual se capta o percibe el oxígeno para luego ser procesado en el pulmón y enviado al cerebro para desde el cerebro ser distribuido por todo el cuerpo en forma de energía. Es probable que una gran cantidad de las sustancias que contiene el cerebro sean extraídas del oxígeno convertido en sustancia electromagnética luego el cerebro la distribuye por todo el cuerpo. Los olores van directamente al pulmón y este los envía al cerebro, es por eso que cualquier toxico afecta de manera instantánea al cerebro. Recordemos que el cerebro rige todo el cuerpo a través de comandos energéticos a modo de emociones. Tales energías provienen de las sustancias puras extraídas tanto de los alimentos como del oxígeno.

e) La boca y paladar:
La boca tiene una triple función y se podría considerar como el canal de mayor importancia tanto para la

adquisición de conocimiento, el sostenimiento biológico así como la transmisión de conocimiento:

1ro) A través de la boca el cerebro se nutre de un tipo de información exclusiva, como es, todo aquello relacionado al sabor y a la temperatura que el organismo internamente puede tolerar.

2do) Es la puerta de salida de infinitas emociones producto de todas las experiencias recopiladas en las memorias, tanto temporal como ultra temporal, traducidas en sonidos y estos convertidos en palabras.

3ro) Es la fuente básica para el sostenimiento alimenticio de la estructura biológica.

Es probable que para otras civilizaciones o inteligencias superiores a la nuestra, el rostro sea la parte más fundamental del cuerpo, mientras que para nosotros como civilización, es el corazón del cual hacemos depender todos los sentimientos y emociones. Este órgano (el corazón) es un órgano más cuya función se limita única y exclusivamente a la distribución de la sangre por todo el cuerpo obedeciendo así, órdenes del cerebro para de ese modo desempeñar su función con eficacia, por lo que este órgano, (el corazón) acelera o disminuye su ritmo de acuerdo al tipo de emoción que le envié el cerebro. Dicho órgano no tiene que ver en lo más mínimo con la importancia que puedan tener o no las emociones, por el contrario, las emociones sí tienen que ver con el ritmo del funcionamiento del corazón. La función de este se limita único y exclusivamente a la distribución de sangre por todo el cuerpo, ni siquiera tiene que ver con la purificación de la misma, ya que esa es función exclusiva del hígado.

Cada órgano tiene su función específica aunque todos trabajan en absoluta armonía. Siempre que existe alguna alteración por cualquier estado emocional, todos y cada uno altera su ritmo normal de actividad, no solo el corazón, sino todos. Por supuesto, el corazón es el que más se siente ya que es el responsable de reactivar y abastecer todo el cuerpo de sangre de acuerdo la demanda de este, es por eso que el corazón hace que los demás órganos se alteren ya que como órgano distribuidor demanda de mayor cantidad de materia prima por lo que tiene que estimular a los demás órganos haciendo que se acelere el ritmo normal de todo el organismo, especialmente el estómago, puesto de que es aquí donde comienza el proceso de producción de materia prima.

La sensación de las emociones no se origina ni se manifiesta en el corazón como se ha creído, sino, que el mayor impacto de las emociones se manifiestan en el estómago ya que es aquí donde inicia el proceso de distribución de sangre a los demás órganos, especialmente al corazón ya que es este el responsable de suplir de este líquido a todo el cuerpo. En cualquier estado emocional por pequeño que sea, todos y cada uno de los órganos sufren una determinada alteración ya que se ven en la necesidad de cambiar su ritmo normal de trabajo. Sin embargo, es el estómago el que más se esfuerza porque es exactamente donde inicia la elaboración de la materia prima que demanda el cuerpo a través del corazón, es por eso que cualquier estado emocional fuera de lo normal podría crear un determinado descontrol en el proceso de la digestión, como por ejemplo; pérdida de apetito, ansiedad, molestia estomacal y cierto desorden intestinal. Un estado emocional fuerte y de cierta permanencia, por lo regular tiende a manifestarse con cierta molestia estomacal y dolor de cabeza. Es probable que esto ocurra porque el cerebro esta demandando algún tipo de sustancia propia para el tipo de emoción que está ocurriendo en un determinado momento. De aquí que, cuando el estado emocional es lo suficientemente fuerte, la demanda del cerebro es mayor, es por eso que el estómago se ve en la necesidad de acelerar el metabolismo para producir la cantidad de sustancia requerida. Cuando el estado emocional es demasiado prolongado se comienzan a producir ciertos síntomas estomacales, como gastritis que por lo general termina en ulcera y en varios casos, en cáncer. Este descontrol se puede manifestar con cierta alteración o irritación de la piel o caída del pelo en algunos casos. Todo desorden emocional tiende a modificar en cierto modo, la imagen física del individuo, su estado de ánimo y su comportamiento conductual.

Por lo regular, las personas estresadas son propensas a tener padecimientos estomacales y dolores de cabeza, significa que cuando las emociones se interiorizan de mesiado, estas tienden a tener fuertes repercusiones en el estómago y que luego se va a reflejar con dolor de cabeza. Existe una estrecha interconexión entre el estómago y el cerebro, es por eso que cuando se sienten grandes emociones, el estómago tiende a contraerse porque se ve forzado a acelerar su ritmo normal. Todo estado emocional procede siempre del exterior y es catado a través de alguno de los sentidos, se aloja en la memoria en donde adquiere determinada escala de valor y luego se esparce como tormenta por todo el cuerpo afectando así tanto el sistema biológico como el estado emocional del individuo.

Tal situación emocional podría ser tanto positiva como negativa, una vez ocurrido determinado estado emocional todo el organismo se dispone para responder con manifestaciones precisas. Cuando la situación resulta negativa, todo el organismo activa los mecanismos de defensa para así rechazar todo aquello que pueda resultar extraño o nocivo para la estabilidad interior. Las emociones negativas son una especie de virus o tóxico emocional con capacidad suficiente para contaminar todo el sistema físico como biológico en todos los niveles de su funcionamiento.

La gran mayoría de las enfermedades se inician y toman fuerza a través de un determinado estado emocional muchas veces inconsciente, mientras que en otras consientes. Existen personas que le gusta que los demás lo vean con cierta compasión, y cualquier estado emocional lo maximizan victimizándose, de manera tal que se olvidan de la fuerza de voluntad que poseen para combatir contra determinada situación. Este tipo de personas tienden a doblegarse frente de cualquier situación que se presente por simple que parezca. Es entonces cuando su organismo comienza a responder a un tipo de conducta frágil lo que a corto plazo se va a traducir en enfermedad, exactamente algo que de manera inconsciente deseaban tener. Todo esto hace que el individuo recurra al consumo de fármacos cuyos efectos hacen que se profundice aún más el trauma emocional. No se debe pretender curar una intoxicación emocional con un tóxico medicinal.

Cada situación debiera de ser tratada con el elixir correcto. El elixir correcto para una enfermedad emocional es un tratamiento emocional para que así sirva como antídoto para prevenir cualquier otra emoción semejante.

Por lo general, casi el ciento por ciento de los traumas son tratados a través de la farmacología, aun aquellos casos que lo único que ameritan es una terapia u orientación psicológica, pero a pesar de eso tratamos de darle solución con la aplicación de fármacos. Recordemos que los fármacos no curan la memoria, podrían anestesiarla por un momento pero no curarla, la reacción traumática regresa en cuanto pasan los efectos del fármaco en cuestión porque ese no debió ser jamás el tratamiento adecuado.

Existen enfermedades que tienen su origen en lo emocional y se podrían prevenir y curar si conociésemos con profundidad el estado emocional del individuo, y las circunstancias qué las han originado. Estoy plenamente seguro que si se conociera con exactitud el historial emocional del paciente no fuera necesario utilizar fármacos para su tratamiento, pero que esto quizás no se hace por ignorancia. Es probable que si no se usan fármacos se afectaría enormemente a la industria toxico farmacológica. O quizás podría ser, porque es más fácil tratar al paciente administrándole fármacos que buscar causas emocionales.

El primer paso para diagnosticar a un paciente debería comenzar por un tratamiento emocional para estar seguro de que una determinada enfermedad es independiente de cualquier situación emocional. En el caso de que una determinada enfermedad tenga su origen en algún estado emocional, primero se debe curar las dolencias emocional y luego las dolencia biológica, esta sería la manera idónea para erradicar una enfermedad que pueda tener su origen en lo emocional, de lo contrario tendremos un paciente postrado permanentemente ante su médico sufriendo del mismo mal porque las dolencias siguen ahí en su conciencia carcomiendo todo su cuerpo físico y emocional. Aunque en ocasiones el paciente experimente cierta mejoría, eso no significa que está sanando porque el germen que dio origen a determinado mal sigue presente en el individuo, es a lo que se podría llamar, virus emocional incrustado en el inconsciente.

En cuanto a las enfermedades virológicas que afectan con mayor intensidad el estado emocional podríamos señalar las siguientes:

1ro. Virus emocionales.- la depresión, la impotencia, la inseguridad, la envidia, el egoísmo, la avaricia.

2do. Epidemias emocionales.- El estrés, la hipocresía, el engaño, la justificación.

3ro. Pandemias emocionales.- El miedo colectivo, la pobreza justificada, la mentira institucionalizada, la ignorancia colectiva.

Estos virus, epidemias y pandemias afectan profundamente la psiquis ya que se constituyen en un obstáculo real para el desarrollo emocional del individuo. Dichos patógenos son medios eficaces de manipulación puesto de que son canales idóneos para resetear la mente colectiva. Cuando en una sociedad se implementan dichos mecanismos, se cierran todas las posibilidades de crecimiento tanto individual como colectivo. La implementación de estos males tiene un objetivo definido; mantener a la colectividad bajo un estado de letargo e inercia mental, permitiendo así el control total de las emociones de cada individuo y por tanto de la colectividad. Establecida esta forma de conducta, el individuo pierde su propia identidad mientras que otros deciden su destino. El individuo no elige sus gustos, sus placeres, sus emociones, su felicidad entre otras, sino, que su vida queda en mano de otro, es otro quien determina las necesidades tanto físicas como emocionales de una determinada sociedad. Cuando una sociedad delega en otro estas cuestiones tan básicas, se convierte en un simple rebaño.

Debieran existir hospitales con especialidad en **diagnósticos emocionales** y ser estos los que traten de primera mano al paciente antes de referirlo al médico especialista correspondiente, esto evitaría que el ser humano sea tratado como un objeto de mercadería médica.

Creo que es tiempo de que las ciencias médicas den un paso hacia adelante en el trato y manejo de la obra más sublime del Universo, que sin lugar a dudas es el ser humano. Cuando tratamos la biología de un ser humano estamos tratando la obra predilecta de Dios, se trata de su propia imagen, pues, en ella habita el conocimiento, la conciencia, la sabiduría, el alma y el espíritu, por tanto, el ser humano no puede ser tratado bajo ningún concepto como un objeto de experimentación biológica o emocional ya que este no se reduce a una mera estructura biológica y psicológica. Es mucho más. Es alma y espíritu, por lo que trasciende sin mediación alguna hasta su propia imagen y semejanza. El Dios creador.

SESION = VII

TRAUMAS EMOCIONALES DEL CONOCIMIENTO

Emociones tóxicas involuntarias.

Como la memoria es un archivo de todas las emociones, el trauma no es ajeno a todo lo que en ella existe, por el contrario, el trauma es una experiencia emocional que reviste una gran importancia ya que quiérase o no, el trauma está ahí, por lo general se manifiesta con más fuerza que cualquier otra emoción, de ahí que, para este tipo de emoción (el trauma) hay un departamento reservado llamado subconsciente. A este departamento se le podría considerar como una cárcel en donde se pone en prisión a aquellas emociones que de alguna manera afectan nuestro estado emocional y que muchas veces tratamos de separar de nuestro interior, pero las encerramos simulando olvidarnos de ellas lo que resulta imposible ya que están ahí silenciosas y constantes; gritan, revoletean y patalean porque no quieren estar en prisión y en ocasiones afloran de manera involuntaria dejándose sentir a través de los sentimientos, se muestran como parte de nuestra conducta individual. Tales emociones traumáticas tratamos de somételas a cadenas perpetuas aun sabiendo que son un fastidio constante que no nos permiten tranquilidad interior. Esto es realmente incomodo, sin embargo tratamos de conservarlas sabiendo aun que constituyen un estorbo para el desarrollo y estabilidad emocional.

El trauma es un estado emocional desagradable el cual siempre tratamos de ignorar por su condición tóxica, pero es algo tan personal como cualquier otro estado emocional, mientras más tratamos de ocultarlo más se fortalece manifestándose en nuestra conducta ya que está arraigado formando parte de nuestra conciencia.

El traumas tienen su origen en situaciones externas, ya sean voluntarias o involuntarias. Surgen de acciones que por su naturaleza resultan dolorosas, es por eso que tratamos de evadirlos encerrándolos e ignorándolos, pero por más que tratamos de ignorarlos están ahí latentes prisioneros en nuestra conciencia. Aun que queramos fingir lo contrario, están ahí dentro tocando las fibras más sensibles de los sentimientos y en ocasiones afloran sin que lo queramos alterando todo el estado emocional. El trauma se constituye en frustración y la frustración en depresión convirtiéndose luego en obstáculos para el crecimiento y desarrollo del conocimiento y la inteligencia individual. Es un estado emocional que por lo regular termina en un estado de angustia crónica, es decir, en un desastre de la conducta emocional del individuo. Este es un fenómeno que disminuye enormemente el deseo de crecimiento de todo aquel que lo padece. Por lo general, cuando el trauma logra apoderarse de la totalidad de la conciencia del individuo este muestra un nivel de conducta sumamente débil frente a cualquier circunstancia donde en individuo muestra un alto sentimiento de indecisión e importancia en lo que se expresa claramente una conducta de miedo, inseguridad, incapacidad, culpabilidad, debilidad, impotencia entre otras. El trauma se manifiesta casi siempre bloqueando cualquier iniciativa de crecimiento ya que este se ha apoderado definitivamente del estado de conciencia del individuo. El trauma tiene una fuerza de tal magnitud que es capaz de dominar todo el sistema emocional del individuo. Frente a cualquier circunstancia siempre está ahí presente para advertirnos de posibles consecuencias aparentando ser un buen aliado y consejero. De manera constante nos grita: no podrás hacer eso, no lo hagas. No asumas responsabilidad porque no podrás cumplir. Eso te quedas grande, cuidado, quedaras mal. Eso tiene muchos riesgos, no lo hagas porque podrías fracasar de nuevo. Tú no puedes, otro puede hacerlo mejor; Es decir, el trauma nos hace creer que somos inútiles. El trauma te vas acorralando hasta el punto que llegas a convencerte de que tú no sirve para nada, que no eres más que un inútil derrotado, incapaz de desafiarte a ti mismo y alcanzar cualquier nivel de superación como lo haría cualquier otra persona. El trauma te convences que todo te quedas grande, que no te planifiques porque lo que importa es vivir hoy. Que el futuro es muy arriesgado. Que no te lances porque podrías fracasar, etc.

El trauma crea un desorden emocional tan catastrófico que puede llevar al individuo a un desequilibrio irreparable de la personalidad, e incluso, a una confusión de la propia identidad en la orientación sexual, especialmente aquellos traumas causados por maltratos o violencia sexual u otras causas relacionadas en las que el individuo no necesariamente tiene que ser la víctima, sino que basta con que haya presenciado algún acontecimiento de violencia en este sentido en algún momento de su vida. Esto es más que suficiente para que el individuo comience a conformar una conducta de rebeldía la cual podría dar como resultado cualquier tipo de desviación de la personalidad, como por ejemplo: la homosexualidad, masoquismo, sadismo, sadomasoquismo, o simplemente frivolidad entre otras, ya que estas desviaciones de la conducta, por lo general tienen su origen a partir de alguna experiencia traumática de esta naturaleza.

Toda desviación de la conducta de este nivel emocional ha sido producto de algún trauma a priori ya que es imposible que estos estados emocionales puedan ser demostrados a través de la degeneración genética.

Homosexualidad: Es la inclinación al mismo sexo y que por lo general se le atribuye a una supuesta alteración hormonal en el individuo. Por lo regular este tipo de conducta tiene sus orígenes en algún acontecimiento desagradable ya sea físico o emocional transcurrido en la infancia o posteriormente.

Masoquismo: Es la desviación emocional que busca la satisfacción sexual a través del sufrimiento de sí mismo y que pudiera tener su origen en algún acontecimiento de maltrato físico en el que el individuo pretendía placer a través del sufrimiento propio causado por otra persona. Es posible que a partir de alguna experiencia de este tipo el individuo comience a manifestar de manera inconsciente una conducta sexual de sumisión y al mismo tiempo agresiva como desahogo de las emociones reprimidas.

Sadismo: Lo mismo sucede con el sadismo pero a la inversa. Es cuando el individuo encuentra satisfacción sexual a través sufrimiento infringido a otra persona. Además del maltrato físico se aplican mucha frecuencia el maltrato emocional, en ocasiones, denigrando o desvalorizando a la otra persona. Este tipo de conducta por lo general adopta el sentimiento llamado celo para demostrar y justificar supuestamente su amor, pero que en realidad no es más que una forma sutil de manipulación. Los celos son la manifestación más alta de inseguridad emocional de una persona y podrían tener su origen en lo que yo llamo; grietas emocionales del pasado en que el individuo no pudo completar etapas emocionales básicas como es por ejemplo; la estabilidad y la armonía del hogar. Este tipo de individuo por lo regular resulta ser; inseguro, posesivo e indeciso.

Sadomasoquismo: Es una desviación sexual en la que el individuo busca el placer a través del sufrimiento tanto de la otra persona como de sí mismo.

Frivolidad: Es la actitud indiferente frente a acontecimientos emocionales naturales en lo que individuo no parece alterarse emocionalmente permaneciendo en estado frívolo como si nada le importara, ni siquiera su propio sexo, ni mucho menos el sexo opuesto. Este individuo podría aparentar muy normal, pero que realmente no lo es ya que posibles frustraciones fruto de ciertas experiencias del pasado lo bloqueen y no le permiten integrar y realizar a plenitud su identidad. Esta conducta crea una especie de parálisis emocional donde el individuo muestra una conducta de indiferencia y apatía sexual. Dichas conductas están profundamente marcadas por traumas que han afectado esencialmente la integridad particular del individuo haciendo que se creen barreras emocionales en su interioridad que luego se van a manifestar en una conducta tímida, de miedo, inseguridad, culpabilidad, impotencia y especialmente en un sentimiento de rebeldía contra sí mismo y contra los demás. Es muy probable que la persona que padece este tipo de trauma haya tenido alguna experiencia relacionada con algún tipo de violencia sexual tanto en contra de sí mismo como en contra de otra persona muy cercana a su entorno.

Hay que destacar, que el acto sexual es un acto sublime del ser humano ya que además de ser el acto natural de la perpetuación de la especie, es esencialmente el sentimiento más pleno de satisfacción. Si por alguna razón, el conocimiento ha sido afectado en una determinada etapa de la vida por alguna experiencia traumática, esto sin duda alguna va a constituir un obstáculo emocional que impedirá la realización de la entrega plena, ya que es precisamente, en el acto sexual donde afloran y se manifiestan los traumas más profundos que han dejado laceraciones en lo más íntimos sentimientos del individuo por lo que muchas veces no se comprende cierto estado de insatisfacían.

Por lo general, estos tipos de traumas antes señalados se anteponen bloqueando las emociones sanas y no dejando espacio para que fluya y se manifieste a plenitud el acto de amor más puro del ser humano por el cual se perpetúa la especie y la esencia misma del creador. La pasión sexual tal y como fue concebida desde el principio, es como la corriente de un manantial cristalino en la que sus aguas fluyen libremente sin ningún tipo de represa ni contaminación, porque de ser contaminado por algún estado emocional tóxico, todo el manantial resultaría gravemente tóxico.

Este sujeto molestoso llamado trauma es muy fácil de deshacerse de él, lo primero que se debe hacer es; hacerse consiente que está ahí pero que no tiene poder sobre mis emociones. Que esto no es más que una circunstancia de la cual yo no tengo porqué culparme porque yo no lo busque. Tampoco culparé a nadie por su estado de ignorancia. Escudriñaré, rescataré y resaltaré mis virtudes y valores humanos y espirituales. Reconoceré que soy un ser único en el mundo y que solo yo soy responsable de mi identidad, mi felicidad y mi destino. Confiaré firmemente en mis emociones y en todas mis acciones. No alimentaré mi alma con auto culpabilidad, debilidad emocional, baja autoestima y falsa imagen de los demás. Abriré la puerta al trauma para que no sea un preso de confianza dentro de mí. A partir de ahora comenzaré a planificar pequeñas acciones que luego se convertirán en grandes acontecimientos que me harán sentir satisfecho de que soy yo mismo, pues, ahora soy capaz de lograr lo que me propongo. Observaré mi rostro antes y después de cada acción que me proponga realizar y de seguro que me veré diferente.

Una afirmación y a veces una interrogante que tiende a hacerse la gente es; es que soy así, o ¿Por qué soy así? El individuo se ve atrapado en un profundo dilema, por una parte reafirma tal conducta pero por otra parte duda de su propia conducta. Esto es lo que hace que una persona sea bivalente y no tenga conciencia plena de su propia identidad. No importa cómo y cuándo sucedieron determinados acontecimientos, la memoria es un receptor eficaz y su misión es almacenar y conservar la información aún no se tenga conciencia de un determinado hecho ya sea positivo o negativo, lo que importa es que sucedió. El trauma no es obra de la conciencia, es algo que viene siempre desde fuera y posee al individuo quiéralo o no. es probable que la mayoría de los casos sucedieron en la primera y segunda infancia o quizás anterior, posiblemente en el periodo de gravidez, es decir, en el estado embrionario. Es por eso que el individuo nunca tiene ni la mínima conciencia de su situación de trauma, hasta el punto de negar que esté siendo afectado por determinada situación. Innumerables casos emocionales pudieron tener su origen durante el periodo de gestación en el vientre materno, o quizás mucho antes de ser engendrado, algo imposible de recordar pero que están ahí en la memoria ultra temporal como un sobre herméticamente sellado formando parte del conocimiento. Millones de personas padecen silenciosas de traumas derivados de circunstancias que aun ignoran; algunas podrían resultar desconocidas mientras que otras son ignoradas por temor a poner en evidencia a los infractores. Otros prefieren llevar el trauma consigo toda la vida aunque se pasen la vida sin conocer el amor, la felicidad y la libertad.

Cuanta tristeza, cuanta amargura, cuanta depresión, cuanto desequilibrio emocional, cuanta inseguridad, cuanta falta de identidad, cuanta culpabilidad, cuantas dudas, cuanto miedo, cuanta incertidumbre, y todo esto tiene que arrastrar esas personas en su vida sin que todo esto sea su responsabilidad. A esta situación podría llamársele ingratitud. Casi siempre se acusa a estas personas como desequilibrados o anormales ya que se desconoce el origen de tales traumas causados antes o después del nacimiento.

Existen dos tipos de comportamientos emocionales comunes en las personas traumatizadas, especialmente en aquellas que el trauma tiene origen en situaciones violentas, que son; agresividad y timidez. Este tipo de persona es aparentemente tímida pero que al mismo tiempo sus reacciones tienden hacer muy agresivas. Por lo regular, este tipo de persona evita lo más posible hablar de temas relacionados con su situación emocional como una manera de ocultar la herida interior para no sentirse lastimado.

Es necesario que la persona tome conciencia de su propia realidad ya que es esta la manera más idónea para comenzar un proceso de sanación o desintoxicación interior. En la medida en que la persona comienza a creer en sí misma, en esa misma medida el trauma comienza a disminuir y el individuo comienza a experimentar su propia restauración interior. Destruir el trauma es el primer paso para la sanación ya que se abren nuevos senderos para la conquista de nuevas oportunidades. Liberarse del trauma es abrir un espacio en la conciencia para que entre la luz de nuevas ideas y se conviertan en acciones transformadoras tanto para la persona como para el mundo. Liberarse del trauma es desintoxicar la memoria, y por supuesto, todo el cuerpo. Recuerdas, que el trauma es un elemento extraño que siempre viene desde fuera y que ni tu mente, ni tu cuerpo deberán ser espacio para guardar y acumular tóxicos y basuras no deseadas. El cerebro es un depósito para lo sublime, lo hermoso, lo bello, la sabiduría, lo sagrado; en definitiva, para el conocimiento pleno. Somos entes intermediarios entre el Universo y el Creador.

El trauma, sin importar tiempo y procedencia, es y será siempre un obstáculo para las emociones, la sabiduría y el conocimiento. Es un virus que tiende a disminuir todas las posibilidades de desarrollo tanto individual como colectivo. En la medida que un trauma afecta todas las acciones de un individuo, de esa misma manera repercute en un grupo determinado. De la misma manera que el conocimiento individual repercute en un grupo social determinado, de ese mismo modo la sociedad es influenciada por los traumas individuales.

SESION = VIII

FORMAS DE MANIPULACION COLECTIVA DEL CONOCIMIENTO

Son aquellas que tienen incidencia directa o indirecta en una sociedad o parte de ella afectando significativamente el comportamiento emocional de la colectividad en general.

1. Manipulación Religiosa:
2. Manipulación Educativa:
3. Manipulación Musical:
4. Manipulación Económica:
5. Manipulación de los medios de comunicación:
6. Manipulación Cronológica:

1)- Manipulación Religiosa:

El trauma religioso consiste en la manipulación directa o indirecta de la conciencia del individuo que guiado por una doctrina determinada y determinista es sometido a una espiritualidad centrista y excluyente la cual considera que todas las demás creencias son falsas y equivocadas. Es una práctica en la que solo tienen aseso a la salvación los miembros del grupo al que pertenece, e incluso, todo lo demás es considerado satánico.

El trauma religioso conduce a la separación inconsciente de la humanidad ya que cada religión centra en su dios y en su doctrina todas sus acciones. Por lo general hacen que sus miembros se aferren ciegamente a la religión que en cuestión que solamente es válido lo que dice su doctrina sobre sus profetas, su Dios y sus deidades. Los demás grupos no cuentan, son hipócritamente hermanos, pues son le tratados con indiferencia.

Hay grandes religiones que el contenido de su doctrina ha estado centrado en el juicio final, en el pecado y en el infierno. Imágenes que no son más que mecanismos de terror que de alguna manera bloquean la capacidad y deseo de crecimiento del conocimiento tanto individual como colectivo. Es por eso que con frecuencia se escucha que la gente dice; "el conocimiento va a acabar con la humanidad" o cómo esta, "que sea lo que Dios quiera." Es una pena que entre los grupos religiosos fanatizados no exista el interés de desarrollar mínimamente el nivel de inteligencia y conocimiento tanto espiritual como intelectual. Existe una cierta apatía en este sentido ya que se tiene la sensación de que el conocimiento podría resultar destructivo. Existen personas y grupos religiosos que consideran las ciencias como algo nocivo a la fe, e incluso, la Biblia así lo establece en el libro del Génesis cap. 2 v.16-17. "Más del árbol de la ciencia del bien y del mal no comerás, porque el día que comieres de él, morirás sin remedio." Sin lugar a dudas, es aquí el fundamento de la manipulación del conocimiento.

Por supuesto que a ningún grupo religioso le conviene el desarrollo del conocimiento ya que se verían en la necesidad de replantearse una visión diferente de su doctrina, de su Dios y del universo. Un conocimiento y una sabiduría desarrollada exigirían de una doctrina que esté fundamentada en un Dios creador y universal, no un Dios que se parcializa con un pueblo en específico como es precisamente, el Dios del génesis o el Dios del apocalipsis, el cual es un Dios amante del conformismo y la ignorancia, lleno de ira y venganza, egocéntrico y sádico, inclemente y despiadado, machista y racista.

Un Dios que ama y cuida lo que por amor ha creado, jamás se complace con la sangre derramada por criaturas inocentes, ni causa intencionalmente la destrucción periódica de la humanidad comenzando con el diluvio, y luego la destrucción de Sodoma y Gomorra, y posteriormente, pasando por la espada de los Israelitas a todos los pueblos adversos, y luego por las guerras santas o cruzadas y después por la cruel y horrorosa santa inquisición para finalizar exterminando su creación con el apocalíptico y catastrófico juicio final. Esto es suficiente para que la humanidad se estanque y quede atrapada en el trauma del miedo y el terror universal. Téngase en cuenta, que el miedo y el terror ha sido la fórmula más eficaz de manipulación del conocimiento implementada por los diferentes grupos religiosos a lo largo de la historia patrocinada por la Elite globalita.

A las Iglesias no le interesa de ninguna manera establecer doctrinas que resalten los valores sagrados del ser humano, sino, que su estrategia es, mantener una doctrina alienante en la que se haga hincapié en el pecado y la culpabilidad para que el individuo se sienta culpable de un pecado que jamás cometió (el pecado original), y lo peor, traumatizado hasta por mirar algo o a alguien con cierto deseo ya que esto según ellos, constituye un pecado. Estas doctrinas hacen que el individuo se sienta sucio y miserable frente a su creador por lo que la mayoría de los creyentes tienden a actuar con hipocresía, miedo y culpabilidad.

Pedir que se deje a un lado el trauma del pecado, el infierno y el juicio final es pedir demasiado ya que estos son la materia prima que sustentan a las distintas religiones. Si no se habla de esto, nadie iría al templo a arrepentirse y por supuesto, a pagar las indulgencias o el diezmo. Hay que admitir que esto podría tener un gran valor económico, pero que en realidad, aporta muy poco al crecimiento espiritual y al desarrollo del conocimiento tanto individual como colectivo, y mucho menos ayuda a una relación sana y sabia del ser humano con su creador. El amor fundamentado en el miedo y el terror no es amor verdadero, ni una fe sincera, es como si dijéramos, amo a Dios porque le temo al infierno. Lo correcto sería; amo a Dios porque es mi creador, él es el bien supremo de dónde vengo y hacia donde iré. Fui creado a su imagen y semejanza. Él es la fuente de mi existencia. Vengo de él y a él regresaré.

La humanidad se ha visto obligada a tener que amar a un Dios cruel, vengador, inclemente, sádico, castigador, etc. Ese es el Dios que se nos ha enseñado desde tiempos inmemoriales. El Dios que se llenó de ira y destruyó con el famoso diluvio todo lo que había creado, eso que en principio consideró muy bueno. Luego se llenó de celo al contemplar la sabiduría y destreza del hombre y destruyó la Torre de Babel. Posteriormente, con un rayo de fuego y azufre arrasó con Sodoma y Gomorra. Más tarde masacró pueblos y naciones a través del llamado pueblo elegido. Posteriormente, un hecho que resulta curioso, es el caso de su único hijo en que se muestra indiferente ante la impotencia de este frente a sus verdugos y que según la leyenda, lo torturaron sin piedad y luego lo crucificaron; pero lo más triste y penoso es, que en periodo reciente permitiera el atroz baño de sangre con las famosas Cruzadas y luego, los sádicos y degenerados tribunales de la Santa inquisición en los cuales se aplicaron los métodos de torturas más brutales que haya conocido la humanidad en toda su historia, práctica que se llevó a cabo con el fin de que la gente aceptara la doctrina establecida en la que murieron millones de inocentes incluyendo a los pueblos Indígenas, que además de arrebatarle su tierra y violarle sus mujeres y niñas, les arrebataron su cultura, su credo y su dignidad como raza. Finalmente, ese Dios permitirá el inminente juicio final para así borrar de la faz de la tierra a la humanidad con la misma crueldad que supuestamente lo hiciera en ocasiones anteriores. Según lo predice el libro del apocalipsis y las predicciones de los profetas insensatos, que según ellos será un día catastrófico. Dice el texto bíblico: "será el llanto y el rechinar de dientes."

Yo me pregunto: ¿Por qué hay que infundir tanto terror a la humanidad solo con el fin de manipular la espiritualidad y el conocimiento en vez de proyectar a un Dios bueno, compasivo y misericordioso?

¿Acaso no es todo esto suficiente para que la humanidad se estremezca de terror y angustia espiritual y tiemble de miedo e impotencia. No crees que esto sería más que suficiente para producir un trauma permanente de dimensión colectiva?

Estoy plenamente seguro que ese día nunca llegará, porque una acción apocalíptica que extermine a la humanidad no puede venir del Dios creador que es la máxima expresión de amor, bondad, perdón y clemencia. El Dios creador no tiene que arrepentirse de su propia obra, ni nunca la ha destruido ni la destruirá jamás. Su obra siempre ha sido perfectísima y así será hasta la eternidad.

El amor verdadero se fundamenta en la relación interpersonal con tu creador, con tu Dios. Cuando amas a tu creador ni siquiera te das tiempo para pensar en el supuesto infierno. Tu creador te creo para el bien y para que participe y comparta con él su inmensa obra. Cuando ames, amas de corazón y nada ni nadie te harás temblar de miedo e impotencia, porque nada ni nadie podrán hacerte daño. Es una pena que las diferentes doctrinas religiosas solo nos enseñan a sentirnos culpables con el único fin de que tengamos siempre la necesidad de arrepentirnos.

¡Que diferente es cuando tú amas con libertad y confianza¡ a tener que amar bajo una determinada presión de terror o temor, de amenazas y castigos. El amor que surge sin la influencia de estos traumas, es un amor limpio y puro porque nace de la relación profunda entre el que ama y el amado. En el amor verdadero nunca se imponen reglas, ni amenazas, ni castigos, ni siquiera se exige amor a cambio de amor. El amor que brota del alma ha de ser puro y transparente, fundamentado en la confianza plena entre las partes, sin ningún tipo de trauma, amenazas ni ataduras. El amor verdadero es fruto del conocimiento sublime. En definitiva, es la esencia más pura que brota del alma y que gratuitamente se nos ofrece a cambio de esa misma esencia. A través del amor sublime nos hacemos participes del conocimiento supremo y de la sabiduría del creador. No somos simple materia condenada a convertirse en polvo. Nuestro destino está orientado a ensanchar el Universo a través del nivel de conocimiento sublime que nos fue dado en el momento en que fuimos creados.

2)- Manipulación Educativa:

Parece contradictorio hablar del sistema de educación como un sistema orientado a la manipulación del conocimiento, pero esta es una realidad ya que el currículo académico no pasa de ser un simple sistema de alfabetización el cual no hace más que adiestrar al individuo como un simple instrumento de producción en que el individuo no puede desarrollar el conocimiento a toda capacidad.

El sistema educacional actual es asfixiante y tóxico el cual resulta traumático para el educando, este contiene una carga académica inadecuada para el desarrollo de la inteligencia ya que el individuo se ve saturado de tanto material que en definitiva resulta de muy poco interés para el estudiante, es a lo que yo llamo, materia basura. Este es un sistema que pretende enseñar de todo pero termina enseñando de nada y es precisamente esto lo que se constituye en trauma para el conocimiento puesto de que el individuo termina defraudado. Cuando digo que este sistema educativo no pasa de ser un método de alfabetización desfasado me refiero a que este sistema de educación solo enseña a leer y a escribir malamente ya que no enseña a razonar debidamente, y mucho menos, facilita que el individuo se desarrolle en un área específica del conocimiento científico, solo prepara profesionales mediocre sin la debida profundización en el área de preferencia.

Es una pena decirlo, pero el sistema educativo no está diseñado para preparar científicos idóneos, sino que está diseñado con el objetivo de adiestrar a individuos al servicio del sistema controlador que se maneja en la sombra. Es un sistema diseñado sencillamente para crear pobreza. Una persona se pasa desde su niñez hasta los 20 o 25 años en una academia y cuando termina ya no le queda más alternativa que emplearse al mejor postor para luego dedicarse a las responsabilidades familiares que por naturaleza le asisten como individuo y de aquí en adelante ya no es posible profundizar en la carrera terminada.

Todo individuo está dotado de la capacidad suficiente para alcanzar un nivel de conocimiento científico a los 20 años de edad, solo y si se dedicase desde el principio al área de conocimiento de su preferencia, pero esto no es posible ya que el sistema educativo está orientado a la saturación del cerebro a través del cúmulo de asignaturas chatarras. Si nos remitimos al pasado, veremos que los grandes sabios eran verdaderos científicos en sus respectivas áreas, ellos no pretendía saber de todo ya que se dedicaban al área del conocimiento de su preferencia; ejemplo: El astrónomo era verdaderamente astrónomo, el filósofo era verdaderamente filósofo, el matemático era verdadero matemático y así sucesivamente.

Actualmente el mundo carece de verdaderos científicos ya que el sistema de educación solo ha servido para mínimamente alfabetizar al individuo. No contribuye al desarrollo pleno del verdadero conocimiento. Es un sistema que satura la capacidad de asimilación del individuo con una carga de asignaturas innecesarias que no contribuyen en nada al desarrollo de la inteligencia, con esto lo único que se logra es, atrofiar el conocimiento. Dicho sistema ha provocado grandes frustraciones en la comunidad académica ya que cuando un titulado se da cuenta que no es capaz de tener dominio suficiente en su área profesional, esto le crea una sensación de frustración e impotencia interior cuyo resultado va a ser, la insatisfacción consigo mismo y con el propio sistema.

Me permito concluir este apartado con una pequeña anécdota:

En una ocasión, una maestra quiso saber que pensaban los niños de su clase sobre la escuela. Por un instante interrumpió la orientación que estaba impartiendo y dijo:

-Profesora: A ver niños, quiero saber que significa la escuela para ustedes.

Los niños se quedaron en silencio por un espacio de tiempo. La maestra se quedó observando a los niños y al ver que estos no respondían volvió a intervenir y pregunto:

- Niños, ¿me entendieron? ¿Qué significa la escuela para ustedes?

Un niño de apenas 8 años levantó su mano para responder a la inquietud de la profesora. Ella se levantó de su silla, se dirigió al niño y le dijo:

- Responda Yuvill.

El niño se puso de pie y respondió de la siguiente manera:

- Profesora, la escuela para mí es como una serpiente.

La profesora sorprendida le dijo:

- ¿Por qué como una serpiente?

El niño respondió:

- Profesora, es como una serpiente, porque cuando la serpiente toma a alguien por el cuello, lo aprieta y lo aprieta hasta que lo asfixia.

Se cuenta que la maestra quedó sin palabras mientras que toda la clase aplaudía al niño.

Moraleja de esta historia.

//El sistema de educación es asfixiante.//

Esta es una historia real. Sucedió con un sobrino mío de tercer grado de primaria en una escuela Católica de Springfield, Massachusetts, Estados Unidos.

3)- Manipulación Musical:

La música es una de la forma más eficiente para elevar el espíritu mientras que mal usada sirve para neutralizar el desarrollo del conocimiento. El sistema manipulador se ha dado cuenta que a través de la implementación de ciertos ritmos musicales se puede controlar fácilmente a determinados grupos sociales. Lo han implementado con resultados excelente para sus fines. La música penetra tanto tiene un poder de penetración en las neuronas capaz de transportar al individuo a realidades fuera de sí, es como un alucinógeno que bloquea emocionalmente al individuo transportándolo a realidades subliminares. Los controladores saben muy bien esto y es por eso que crean, promueven e imponen ciertos ritmos musicales con contenidos eróticos, caóticos, agresivos y violentos con el objetivo de corromper el estado emocional colectivo.

Algunos géneros musicales conducen al individuo hacia una conducta que en vez de elevar el estado emocional lo que hacen es bajar su vibración, precisamente por el desorden neuronal que esto provoca sin que el individuo se dé cuenta. Son géneros musicales que no dejan espacio para la armonía tanto emocional como biológica creando así un desorden manifiesto del estado de conciencia que luego se va a reflejar en la conducta colectiva de un determinado grupo social. Tal comportamiento es creado con el objetivo de favorecer a un determinado sistema ya que este se nutre de ese desequilibrio emocional el cual se podría traducir en ignorancia. Estos géneros musicales son un medio idóneo para expandir determinado mercado bloqueando la capacidad de razonamiento tanto individual como colectivo. A tales géneros musicales se le podría catalogar como música chatarra.

Cuando analizamos detenidamente el género musical y artístico de las décadas de los 60, 70, 80 y 90, donde surgió un movimiento artístico mundial sin precedente en la historia de la humanidad. Eso nos dice que la música es capaz de influenciar positivamente la conciencia colectiva haciendo que tanto el individuo como la sociedad se eleve a niveles espirituales sin precedente. En dicha época se produjeron cambios sociales y políticos extraordinarios. Ejemplos; la caída de las dictaduras más férreas en todo el mundo dando como resultado, el resurgimiento de sistemas de gobiernos más democráticos. La caída del muro de Berlín. El surgimiento del movimiento de liberación femenina. La participación de la mujer en las actividades políticas, específicamente en Occidente entre otros acontecimientos de repercusiones mundiales. Además, en esta época se marcaron cambios socioeconómicos en las distintas esferas de la sociedad, como fueron: el crecimiento de la clase media y la libre sindicalización de la clase obrera, así como el despertar de la juventud a nivel mundial. Todo esto hay que atribuírselo a la profundidad del género musical de la época que sin duda contribuyó a elevar la frecuencia vibratoria colectiva.

Todo esto podría compararse con los cambios de transformación de la sociedad que aporto en su momento el movimiento artístico y cultura del Renacimiento el cual inicio en el siglo XIV y se extendió hasta finales del siglo XVI. Fue un movimiento fundamental para la vida civil, religiosa, política y económica entre los años 1400 y 1600. Dicho movimiento musical permitió que se generaran grandes transformaciones sociales, políticas y religiosas de la época. A nivel religioso surge la Reforma protestante la cual contribuyo a que se aboliera la venta de las Indulgencias. Este fue un movimiento de transición entre la Eda media y la Edad moderna. A través de dicho movimiento se pretende recuperar el saber clásico en el que se buscaba nuevas escalas de valores tanto individuo como social. Luego le sigue el periodo de la música clásica que se va a extender hasta el siglo XX el cual contribuyo a producir grandes cambios en todo el mundo como; La Revolución Francesa que tuvo una incidencia preponderante en la transformación política, económica y religiosa a nivel global como fue: el fin de la Santa Inquisición en 1813. La Revolución Industrial, que inició en el siglo XVIII en el Reino de Gran Bretaña y se extendió a gran parte de Europa y a América Anglosajona, mientras que por otra parte, se implantó la idea de la constitución del Estado como emanación del pueblo y la declaración en ella de los derechos del hombre. Más de 500 años iluminados por el espíritu de la música clásica. Sin lugar a dudas, la música ha sido siempre el factor preponderante para que en cada época se generen cambios significativos de transformación social y espiritual ya que la música contribuye a elevar la capacidad de inteligencia y el espíritu de lucha, de justicia y superación tanto individual como colectiva.

En las últimas décadas alguien se dió cuenta que este tipo de música estaba produciendo grandes transformaciones a nivel personal y colectivo, es por eso que de repente se comienza a cambiar este panorama y empieza a introducirse de manera directa todo tipo de ritmos musicales totalmente diferente a los ritmos románticos vigentes en las décadas del 60 al 90 produciéndose así un cambio brusco tanto en el ritmo como en el contenido. Esto no es simple coincidencia, es algo que esta fríamente calculado por algunos grupos interesados, para que suceda de la manera que se quiere que suceda. La colectividad está acostumbrada a consumir el producto que se le oferta con mayores atractivos y se deja persuadir ingenuamente por la agresiva manipulación publicitaria. La música es un producto de consumo masivo a través de la cual se puede influenciar subliminarmente la conciencia tanto individual como colectiva, positiva o negativamente.

Todo este progreso de conciencia adquirida a través de la música comienza a descender a partir de la década de 1990, que es exactamente cuándo se inicia la implementación de nuevos ritmos musicales de alta intensidad pero de muy baja frecuencia espiritual. Ritmos cuyas letras insistan a la violencia, a la pornografía, a las sustancias toxicas prohibidas y al desenfreno de la sexualidad. Ritmos que dejan como resultado una conducta con rasgos erráticos en un segmento de la sociedad.

La música es el lenguaje más sublime del Universo que tiende a elevar el conocimiento espiritual hasta los niveles más altos, mientras que el ruido es la deformación musical convertido en toxico emocional que hace descender el espíritu hasta el nivel de ignorancia.

4)- Manipulación Económica:

Economía, es la base y soporte fundamental de toda sociedad que permite el crecimiento y desarrollo adecuado tonto individual como colectivo en las diferentes áreas del quehacer cotidiano. Toda sociedad que incentiva y facilita a sus integrantes el crecimiento económico individual, es una sociedad que crece y se desarrolla al tiempo que disminuye estrepitosamente los niveles de pobreza y paternalismo gubernamental. Vivimos en un mundo contradictorio en donde unos pocos manipulan todos los bienes y servicios mientras que la gran mayoría no posee absolutamente nada. Unos pocos son propietarios de cientos de kilómetros cuadrados y hasta Islas completas, mientras que miles de millones no poseen ni una cuarta de terreno para sembrar un pequeño árbol, mientras que los gobiernos se hacen los ignorantes. Uno cuantos poseen fortunas de miles de millones de Dólares frisadas en paraísos fiscales, mientras que cientos de millones de seres humanos se acuestan sin probar un bocado de comida durante el día. Unos pocos deciden el salario de la mayoría, mientras que esa mayoría trabaja solo para pagar renta, impuestos y con lo que le sobra cubrir precariamente su alimentación y la de su familia.

Existe una Elite global que en colusión con los gobierno manipula la economía local para de ese modo mantener un nivel de pobreza estándar para que esa clase social se vea en la necesidad de vender su mano de obra a cambio de un miserable sustento diario.

Un Estado que tenga el mínimo de dignidad, deberá proteger a todos sus ciudadanos garantizándole cuatro cosas básicas: vivienda, alimentación, educación y salud hasta los 20 años después del nacimiento y a partir de los 60 años hasta el fallecimiento. Los 40 años intermedios, que son los años de vida más productivos, el Estado deberá proporcionarle todas las facilidades posibles para que el individuo se desarrolle en todos los niveles para que ningún ciudadano tenga que depender de la caridad del Estado ya que por estar desprovisto de dichas seguridades tenga que mendigar. No se pretende que todo el mundo sea rico, sino, que disponga de las facilidades para vivir dignamente como ser humano y como criatura del creador.

Hay que destacar, que bajo este sistema de economía salvaje se planifican situaciones periódicas de recesión con el fin de aplastar a todo aquel que ha logrado algún nivel de crecimiento económico. A dicha Elite no le interesa una mano de obra digna, sino esclavos sumisos e ignorantes para manipularlos a su modo sin importar el nivel académico del individuo. Lo único que les importa es, que el individuo tenga necesidades, y, mientras mayores sean las necesidades mucho mayor será el nivel de explotación ya que esta es la razón para que el individuo admita la sumisión sin pretexto alguno. Al gobierno no le importa, el gobierno está ocupado en otros asuntos gubernamentales.

5)- Manipulación a través de los Medios de Comunicación:

Los medios de comunicación son determinantes en la conformación de la conducta social ya que estos se constituyen en el canal más eficaz para influir en la conciencia colectiva, positiva o negativamente. A través de estos se crean y establecen normas que inciden en la población de manera directa con las cuales se programa y manipula la psiquis tanto individual como colectiva para de ese modo crear la necesidad de consumir un producto determinado que luego se constituye en una conducta común. Ejemplo: la comercialización de un determinado producto, la imposición de una moda, el establecimiento de una ideología o creencia, la imposición de normativas colectivas, ya sean legales o ilegales, alteración y normalización de preferencias artísticas y musicales, justificación de imposiciones de mandatos haciéndolos pasar como leyes entre otros. Los medios de comunicación hegemónicos cuentan con la capacidad para crear realidades fantásticas con las que pueden construir o destruir conductas tanto individuales como colectivas convirtiéndolas e imponiéndolas como imperativos categóricos o verdades ineludibles.

El cerebro humano funciona como un súper ordenador razón por la cual se puede fácilmente reprogramar o resetear implantándole un objetivo determinado, he aquí donde los medios de comunicación juegan un papel preponderante positiva o negativamente. Por miles de años nuestro cerebro ha sido programado para dudar de la verdad y aceptar con facilidad las mentiras, el miedo y el engaño que por lo general son debilidades emocionales utilizadas por los medios de comunicación para imponer modelo de comportamiento dependiendo de un interés determinado. En conclusión, los medios de comunicación tienen la capacidad de vender masivamente el producto aunque sea el peor de los productos.

6)- Manipulación Cronológica:

Desde hace miles de años se viene manipulando el conocimiento de la humanidad a través del ocultamiento tanto del tiempo como de la historia. La humanidad que conocemos tiene una permanencia aproximada en la tierra de 6120 años, tiempo que ha sido trastocado en múltiples ocasiones para de ese modo acomodar la historia a los intereses de un poder manipulador que desde tiempos remotos viene controlando tanto el conocimiento como la ignorancia. Dicho poder se ha encargado de alterando los hechos con el fin expreso de ocultar la verdad de acontecimientos trascendentales para evitar el impacto positivo en el desarrollo del conocimiento de la humanidad ya que los mismos hubiesen contribuido a elevar el nivel de sabiduría de la especie humana.

Con la distorsión del tiempo y de la historia no se ha hecho más que reprogramar el conocimiento colectivo con el objetivo específico de controlar histórica y temporalmente la mente colectiva. La especie humana no sabemos de dónde venimos ni quienes somos ya que no tenemos ni historia continua ni tiempo lineal. Estamos atrapados en el pequeño mundo que nos rodea, no tenemos ni siquiera noción de nuestro pasado como especie ni tenemos proyección del futuro, solo nos preocupa el aquí y el ahora, es decir, el presente.

El tiempo real de la humanidad en este planeta es de aproximadamente 6120 años a pesar de que un alto porcentaje de la población tiene la noción de que el tiempo real es de 2020 años ya que se guían por el calendario Gregoriano que parte del año 1 de la Era cristiana o constantiniana en la que se le da el ultimo corte al tiempo, un corte gigantesco que conduce a creer que todo comienza en el año 1 de lo que se ha llamado, Era Cristiana que supuestamente inicia con el nacimiento del Dios llamado Jesús y que el tiempo transcurrido antes de este acontecimiento (si fue que existió) no cuenta linealmente en la mentalidad de las generaciones subsiguientes.

El tiempo lineal hay que medirlo de la siguiente manera: A partir de Caín y Adán hasta Isaac el hijo de Abraham, primer ciclo, 2071 años. De Isaac hasta Jesús el hijo de María la esposa de José, 2028 años. De Jesús hasta nuestro días, tercer ciclo, 2021 años, para un total de **6120 años**. Este es el tiempo real de permanencia de la humanidad que conocemos en el planeta tierra.

Ocultamiento del tiempo real. Por miles de años ha habido una manipulación selectiva del tiempo de manera que la humanidad ha perdido totalmente la noción de sus verdaderos orígenes como especie. Por una parte nos presentan un conteo fraccionado del tiempo basado en los años que vivió un determinado personaje bíblico de la antigüedad, luego con la muerte de tal personaje se cortaba el tiempo y comenzaban de nuevo con el descendiente siguiente y así sucesivamente hasta transcurrir el primer ciclo el cual lo he descifrado partiendo del nacimiento hasta el momento en que este engendro a su próximo descendiente y he podido contabilizar 2071 años desde Caín y Adán hasta Abraham, pero el mayor y peor desastre cronológico de la historia ocurrió en el Ciclo siguiente o Era de las Monarquías que comienza con Isaac el hijo de Abraham y se extiende hasta el inicio de la llamada Era cristiana con lo cual se bloqueó totalmente la noción del tiempo quedando la humanidad perdida en una especie de laberinto del tiempo donde no se tiene ni siquiera noción del origen e identidad como especie. Con esto se creó un estado de ignorancia generalizada. En este Ciclo se contó el tiempo a la inversa, o sea, de arriba hacia abajo. No pudo ser posible que siendo este el Ciclo de mayor florecimiento de la antigüedad se cometiera una aberración cronológica de tal magnitud teniendo en cuenta que este Ciclo se caracterizó por la fundación de los más grandes Imperios de la Tierra dirigidos por Faraones, Reyes y Emperadores. Es la Era de los más grandes Matemáticos, Filósofos y Astrónomos entre otros.

Tengo la firme convicción de que este monumental desorden cronológico se planificó y ejecutó posteriormente ya que no se justifica de ninguna manera que siendo esta la Era más esplendida del conocimiento se cometiera una idiotéz de tal magnitud. Este plan monstruoso de manipulación fue implementado cientos de años después de que el mencionado Ciclo concluyera. Sin dudas algunas, esta ha sido la aberración más flagrante cometida en contra del conocimiento y de la inteligencia de la humanidad a lo largo de toda la historia, que bien podría calificarse como el mayor de los crímenes cometidos contra el conocimiento y que no tendrá perdón por los mundos civilizados del Universo.

Sin lugar a dudas, hay que admitir que fue esta la más grandiosa Azaña aunque perversa estrategia de manipulación neuronal colectiva que se haya registrado en la historia de la humanidad. A este Ciclo pudimos descifrarle 2028 años el cual se inicia con Isaac el hijo de Abraham y se extiende hasta Jesús el hijo de María la esposa de José. Con la distorsión del tiempo lineal se logró desconectar totalmente al ser humano de sus propios orígenes. No tiene ningún sentido continuar perdiendo tiempo tratando de encontrar el origen a través de teorías superfluas que no conducen a ninguna parte. Si queremos encontrar nuestro origen, descubramos qué pasó con este periodo de tiempo.

Distorsión de la historia. Esta ha sido otra forma macabra de eliminación de nuestra identidad como especie ya que cundo no existe una línea recta del tiempo y de la historia continua se pierde el punto de partida. Lamentablemente, en el Ciclo 2do de nuestra historia las mayorías de los grandes acontecimientos y grandes personajes le pusieron fecha de inicio o de nacimiento pero obviaron la fecha de culminación tanto de los acontecimientos así como la fecha de muerte de las mayorías de los grandes personajes de dicha Era.

Quienes distorsionaron y manipularon, tanto el tiempo como la historia sabían muy bien lo que hacían. Todo parece indicar que fue un plan premeditado y muy bien orquestado para desatibar a la humanidad de todo el pasado para así conducirla y manipularla de acuerdo a intereses bien definidos. De esta trama no ha escapado nadie, ni siquiera aquellos que se auto denominan sabios y científicos. Todos hemos sido atrapados durante los últimos dos mil ciento diez y nueve (2119) años en este laberinto de ignorancia colectiva.

En la historia._ Desde tiempos remotos ha habido una persecución feroz en contra del conocimiento y esto esta expresado en los propios textos bíblicos así como en las prácticas religiosas de las más grandes Iglesias. Cuando tomamos como punto de referencia el relato Bíblico sobre Caín y su descendencia nos damos cuenta que el hombre del conocimiento de esa época fue precisamente Caín, sin embargo, Caín ha sido ferozmente perseguido y acusado de delitos que quizás nunca cometió, se le han formulado todos tipos de acusaciones hasta el grado de desmoralizarlo y destruirlo históricamente. A pesar de que Caín fue el precursor de la construcción, ya que fue el primero en construir una ciudad, mientras que sus descendientes fueron los pioneros de la agricultura, la ganadería, la minería y la música, pero a pesar de eso, Caín y su descendencia han sido desmoronados por las diferentes creencias religiosas a lo largo de la historia considerándolos como los causantes de todo mal cuando realmente fue todo lo contrario. Génesis cap. 4 vs 17, 22. Desgraciadamente, en la historia Bíblica no aparece por ninguna parte las obras de desarrollo que implementara Adán y su descendencia. En el texto bíblico se prohíbe de manera expresa la búsqueda del conocimiento y la sabiduría. Se lee textualmente en el libro del Génesis cap. 2; vs 17: "más del árbol de la ciencia del bien y del mal no comerás. Porque el día que comieres de él, morirás sin remedio."

¿Por qué al Dios llave o Jehovah no le interesa que el ser humano descubra los dones del conocimiento? Parece que el Dios de Adán se complace con la ignorancia colectiva a pesar de que supuestamente creo al hombre a su imagen y semejanza. El sistema que manipulo el relato de la creación del libro del Génesis no le interesaba que el ser humano supiera, que ser imagen y semejanza de su creador era un equivalente al grado máximo de sabiduría al igual que su creador. Sabía que con la prohibición de este conocimiento el ser humano se convertiría en un simple objeto manipulable. Despojarlo como creatura de los atributos más sublime que lo hacen imagen y semejanza de su creador, era la manera más fácil de someterlo a la esclavitud de la ignorancia. Ellos sabían muy bien que sin estos atributos no era posible que el hombre tuviera ni la más mínima conciencia de su grandeza. El Dios del génesis quería que el ser humano fuera un ser más inteligente que las demás especies, pero dócil y manipulable, es por eso que le prohíbe comer del árbol del conocimiento para que este se mantuviera indiferente frente a cualquier acontecimiento, pues, ahí está fundamentado el sistema que decide siempre por los demás.

En la actualidad._ En la actualidad existen muchas formas tanto de manipulación como de persecución del conocimiento, como por ejemplo: la desviación de la atención colectiva de las grandes interrogantes que desde hace tiempo se hace la humanidad sobre, si existe vida extraterrestre. El sistema controlador considera que todo aquel que hable o profundice sobre este tema no es más que un desquiciado conspiranoico aunque se tenga evidencia comprobable o algún conocimiento preciso de dicho fenómeno, obligando de algún modo a dichos individuos a permanecer callados para no ser ridiculizados.

Otra forma de persecución ha sido la manipulación, tanto del tiempo como de la historia. Lamentablemente, se ha ocultado la historia rompiendo el tiempo en mil pedazos con el fin de que la humanidad no cuente con una historia lineal ni un tiempo continuo ya que esta es la forma más idónea de convertir a la humanidad en una especie sin identidad. Cuando se pierde la línea del tiempo y de la historia, se pierde la noción del verdadero origen como especie, origen que se ha pretendido demostrar a través de teorías confusionistas que no persiguen otra cosa, sino, la manipulación total del conocimiento, la espiritualidad y la libertad tanto individual como colectiva. Tales teorías no han hecho más que conducir a la humanidad a un laberinto de dudas y confusiones.

Puedo afirmar con toda propiedad, **que hasta que la humanidad no descubra y acepte su verdadero origen como especie, seguirá siendo esclava de su propia ignorancia.**

SESION = IX

LOS SUEÑOS; CONOCIMIENTO ANCESTRAL O VIAJES ASTRALES

Los sueños son una clara manifestación de la capacidad ilimitada que posee el ser humano para viajar a través de portales dimensionales a mundos inexplicables y experimentar allí experiencias insólitas que ni la ciencia con todos los avances alcanzados, ha podido determinar. En los sueños experimentamos vivencias que muchas veces nos resultan familiares ya que podemos palpar acontecimientos que no nos queda más alternativa que considerarlos como experiencias ya vividas. A través de los sueños experimentamos "lo ya visto, lo ya vivido," o sea, a lo que en francés se denomina, Deja vu.

Una noche cualquiera, usted se recostó lo suficientemente relajado y sin pensar ni remotamente que estaba a punto de soñar, al día siguiente se pregunta; yo nunca había ni siquiera imaginado todo lo que vi a noche en un sueño, es como si en algún momento ya hubiese vivido tal experiencia. Aquí hay una intervención directa de la memoria ultra temporal la cual es responsable de archivar y conservar todas las experiencias incluyendo los acontecimientos vividos en el pasado ancestral. Se tratara de un depósito de almacenamiento en nuestro cerebro en donde se guardan todas las experiencias a partir nuestro origen como individuo. En dicho depósito se abren de manera inconsciente portales dimensionales a través de los cuales podemos acceder a mundos que en este plano de la conciencia terrenal nos resultan desconocidos. Es precisamente allí, en la memoria ultra temporal donde podemos encontrar y recrear experiencias ancestrales que se manifiestan con toda naturalidad a través de los sueños. Los sueños son el lenguaje encriptado con que se manifiesta y comunica el alma con el cerebro a través de emociones, sentimientos y experiencias aún desconocidas por la memoria temporal e incompresible para la razón común.

En los sueños tenemos la habilidad para entrar dentro de nuestros propios sueños y ser actores directos de realidades que trascienden más allá de la mera imaginación. Los sueños son la esencia más sublime de nuestra conciencia espiritual capaz de intuir y abstraer acontecimientos tanto ancestrales como del futuro, es por eso que se debe prestar atención a los sueños lucidos, en ellos hay siempre un mensaje encriptado esperando ser descifrado.

Los sueños no son producto de los llamados, deseos reprimidos, como afirman algunos especialistas de la conducta ya que si así fuera, existen experiencias de diferentes índoles en la vida temporal de alta intensidad emocional, pero que casi nunca soñamos, sin embargo no es así, difícilmente se tengan sueños relacionados con experiencias recientes, por el contrario, se sueña con cosas muy distanciadas de tales experiencias ya sean agradables o desgradables. No se trata de simples deseos reprimidos, se trata de la expansión de la conciencia a otras dimensiones. Los sueños son una forma indescriptible del alcance de nuestra conciencia que trasciende más allá de lo tangible para captar lo sublime, aquello que solo se puede lograr a través de la ultra conciencia y que se manifiesta a través de los sueños. Los sueños son el medio por el cual nos transportamos al pasado más remoto y allí recreamos cantidades de experiencias. Los sueños podrían seleccionarse en tres fases: 1ro. En donde el soñador actúa como espectador de un determinado acontecimiento, 2do. El soñador participa como actor y al mismo tiempo como espectador y 3ro. Cuando el soñador sueña que está soñando.

Los niños a partir de la primera infancia hasta la adolescencia suelen soñar con más frecuencia que los adultos debido a que tienen más espacios disponibles en la memoria temporal y los acontecimientos pasados fluyen con mayor fluidez. En la niñez no existen los llamados deseos reprimidos ya que en esta etapa no se ha tenido experiencias de tipo traumáticos para luego traducirla en experiencias de ultras emociones a través de un sueño, esto no es posible en la niñez ya que su mente está prácticamente en blanco. El niño sueña y rápidamente olvida ya que eso no es prioridad para él puesto de que está más concentrado y atento en su mundo temporal de ilusiones que le rodea.

La gente suele decir que cuando un niño, e incluso recién nacido, está durmiendo y de repente se espanta, es porque está soñando. Yo me pregunto: Si los niños sueñan con tanta espontaneidad, ¿Por qué tienen que soñar con acontecimientos que no han sucedido nunca en su vida?

La respuesta lógica es la siguiente: El asunto es sencillo, en su ultra memoria fluyen continuamente acontecimientos del pasado remoto que se rememoran en su nueva memoria temporal que está totalmente vacía y que se está adaptando a la nueva realidad.

Los sueños son la manifestación más sublime de conocimiento que posee el ser humano, pero que por lo general los consideramos como algo circunstancial y superficial. Recordemos algunos sueños en la historia, especialmente en la historia Bíblica a través de los cuales se podía intuir y predecir acontecimientos futuros. E inclusive, existían magos especializados para su interpretación. Eran tan reales que ellos los consideraban como revelaciones.

Somos una realidad intermedia entre el pasado y el futuro y el canal más idóneo para percibirlo son los sueños, a través de ellos podemos remembrar e intuir acontecimientos tanto del pasado remoto como del futuro próximo. Los sueños no son más que visualizaciones de realidades ya vividas y que solo es posible alcanzar cuando somos capaces de penetrar nuestros propios sueños, y desde esa dimensión descifrar el acontecimiento soñado plasmándolo en nuestra conciencia temporal.

SESION = X

PRINCIPALES FACULTADES DE LA GLANDULA PINEAL

Definamos primero su constitución: La Glándula Pineal es un órgano en forma de piña que está colocado en el centro del cerebro que se conecta con todo el sistema neuronal que se enlaza con los demás órganos sensitivos como son: la vista, el oído, el paladar, el tacto y el olfato. La Glándula Pineal no es más que la cámara receptora o depósito final de todas aquellas sustancias ya procesadas transformándolas en energías electromagnéticas (a lo que yo llamo "insustancias") y luego convirtiéndolas en fenómenos emocionales. Las más importantes espiritualidades de la antigüedad ya conocían su funcionamiento y el poder que se alojaba en este órgano, e incluso, filósofo como Renet Descartes que se atrevió a afirmar; que la "Glándula Pineal es el asiento del Alma." Este Órgano siendo el más importante en nuestra biología ha sido excluido de todos los manuales de enseñanza con el fin de evitar que el ser humano conozca y desarrolle todo el potencial de inteligencia y sabiduría depositada en este órgano y que poseemos desde el mismo instante en que fuimos creados. Es por eso que todos los ataques emocionales van dirigidos hacia ese órgano sin que el común de los mortales ni siquiera lo imagina, como son: miedo, impotencia, indecisión, inferioridad, superioridad e inseguridad entre otros. Luego vienen los ataques químicos con los cuales se pretende atrofiar de manera indirecta dicho órgano, como por ejemplo; 1ro. La calcificación o endurecimiento de dicho órgano a través del consumo masivo de productos químicamente alterados que conllevan el deterioro irreversible de este órgano. 2do. La programación educativa de muy baja calidad llevada a cabo a través del sistema de educación tanto formal como informal, 3ro. Los medios de comunicación de masas, que en definitiva son los más nocivos y contaminantes para el sistema emocional ya que impactan directamente este órgano causando un estado de letargo en dicho órgano y 4to. El consumo excesivo de fármacos, especialmente aquellos que contienen alta dosis de alucinógeno con lo cual se logra el adormecimiento de dicho órgano.

La Glándula Pineal es esencialmente el depósito sagrado del Conocimiento y la Sabiduría. Es ahí donde reside el GEN que heredamos del Creador. Quizás sea esta la razón por lo que este órgano es atacado por todos los flancos para su desactivación.

Permítame señalar algunas de las tantas facultades que posee el cerebro humano además del cúmulo de emociones que se manifiestan de manera continua en nuestra vida y que ciertamente tienen su origen en la Glándula Pineal para luego ser elaboradas y seleccionadas por esta de acuerdo a su importancia y necesidad. El ser humano posee un sin números de facultades que por alguna razón no ha podido desarrollar a plenitud y que ni siquiera sabe que posee. Más del 95 por ciento de la humanidad ignora la existencia de este maravilloso Órgano, (Glándula Pineal) a pesar de ser este la morada del alma en este plano terrenal de nuestra existencia como creatura del universo.

LAS 8 PRINCIPALES FACULTADES DE LA GLANDULA PINEAL:

- ➢ 1ro=Hipnosis.
- ➢ 2do=Telepatía.
- ➢ 3ro=Levitación.
- ➢ 4to=Los Sueños.
- ➢ 5to=Telequinesis.
- ➢ 6to=Clarividencia.
- ➢ 7mo=Visión remota.
- ➢ 8vo= Clariaudiencia.

1ro.= Hipnosis: Es la facultad de inducir a otra persona a un estado de trance en donde el individuo puede alcanzar un estado de concentración a través del cual puede controlar el dolor sin que pierda el estado consiente.

2do.=Telepatía; Es la faculta de percibir y transmitir mensajes a distancia de manera inconsciente a otra persona sin la necesidad de intermediarios.

3ro.=Levitación: Es la facultad mental para desafiar la fuerza de gravedad y flotar en el aire sin el auxilio de otras fuerzas externas.

4to. =Los sueños: Es una condición involuntaria en la que de manera inconsciente el ser trasciende a otras dimensiones en las que puede percibir y recrear experiencias y acontecimientos ya visto o vivido en el pasado próximo o remoto, como también, intuir eventos del futuro cercano.

5to.= **Telequinesis**: Es la facultad que posee un individuo para mover objetos de un lugar a otro sin tocarlos utilizando únicamente el poder mental.

6to.= **Clarividencia**: Es la capacidad de percepción extrasensorial que permite intuir, analizar, deducir e inferir cosas del entorno y predecir acontecimientos tanto del pasado como del futuro.

7mo.=**Visión remota**: Es la capacidad extrasensorial que permite localizar, visualizar y percibir lugares, objetos y acontecimientos sin importar el tiempo o la distancia.

8vo.=**Clariaudiencia**: Es la facultad ultra sensorial de escuchar voces y sonidos no percibidos por el oído común. Se define también como la capacidad extrasensorial que permite percibir informaciones a través del sexto sentido.

Por consiguiente: **La Glándula Pineal;** es el trono del alma en donde nacen, residen y manifiestan todos los acontecimientos emocionales que invaden la totalidad del ser. Es el depósito, tanto de la ultra memoria como de la memoria temporal ya que es ahí en donde están archivadas todas las experiencias acumuladas desde el mismo instante de nuestro origen como existencia. Es el manantial inagotable de donde fluyen todas las emociones, incluyendo, la relación espiritual con lo sublime. Es el lugar donde se origina y emana el conocimiento y sabiduría del ser humano. Es el centro de dominio de nuestra estructura biológica y emocional. Es el asiento del portal que nos eleva a otras dimensiones del Universo en las que podemos comunicarnos con otras entidades semejantes. Es en esencia, el centro de encuentro con lo sagrado. En definitiva. Es el Santuario donde reside el GEN indescriptible que heredamos del Dios Creador.

SESION = XI

LOS 11 MAYORES SECRETOS DEL PLANETA TIERRA

- ➤ 1-Crea y diseña el Arco Iris.
- ➤ 2-Auto crea minerales diversos.
- ➤ 3-Crea, clasifica y purifica las aguas.
- ➤ 4-Salinización y yodación de los Océanos.
- ➤ 5-Auto movimiento y cambios estacionales.
- ➤ 6-Crea nubes, truenos, relámpagos y terremotos.
- ➤ 7-Autoproducion de oxigeno e invisibilidad del viento.
- ➤ 8-Autocrea y transporta torrenciales a modo de lluvias.
- ➤ 9-Crea volcanes, petróleo, minerales y agua intraterrena.
- ➤ 10-Auto restauración para su armonización con el Universo.
- ➤ 11-Crea las sustancias vitales para sustentar la biodiversidad.

He aquí los más grandes secretos del planeta tierra a través de los cuales reguarda su propia estabilidad e identidad para de ese modo garantizar su autosuficiencia y sostenimiento de la multi-biodiversidad ya que como órgano del Universo le corresponde auto sustentar.

El Planeta es una entidad que posee vida propia y además, contiene todos los elementos para sostener todos tipos de vidas que en el existen. Ninguna especie tiene la posibilidad de languidecer y extinguirse ya que el planeta crea y genera todas las energías y sustancias necesarias para sostener la vida y perpetuarla en el tiempo.

El planeta no es un órgano trasformador de especies, sino más bien, un espacio físico atemporal en medio del espacio infinito, sostenedor y conservador de su propia identidad, y por supuesto, de la identidad de cada especie que en el habita. Es decir, es un ente cuya misión específica es sostener la biodiversidad, no transformarla en especies diferentes y superiores, ni siquiera transformar un árbol en un árbol distinto. Su misión esencial consiste en preservar la integridad y autenticidad de la biodiversidad de acuerdo a la naturaleza de cada especie y auto restaurándose según su necesidad para así garantizar y mantener el absoluto equilibrio interplanetario en total armonía con el macro Universo

SESION = XII

MEMORIA SECRETA DEL UNIVERSO

Desde el mismo instante de su creación, el Universo posee en sí y de manera ilimitada todo el conocimiento supremo por el cual se rige y gobierna todo cuanto en el existe, tal conocimiento está cifrado en códigos energéticos en los diversos cuerpos celestes y otorgado a cada especie según su naturaleza. El Universo es un gigantesco archivo secreto que se va abriendo y manifestando de acuerdo a sus propias leyes y según lo demanden las inteligencias que en el existen y de acuerdo las circunstancias planetaria. El Universo adoptando su propia forma, intensidad y medida para así preservar su propia integridad como entidad universal. El Universo es pura inteligencia, intercomunicado entre sí a través de todas y cada una de sus fuentes energéticas esparcidas y manifestadas, desde la partícula más pequeña hasta la galaxia más distante y masiva que pueda existir. En mi libro titulado: IDEAS CUMBRES, tengo una frase que dice; "Todo el universo se mueve a tu alrededor aunque lo ignores."

Dentro de ese gran archivo o memoria ancestral del macro Universo se esconden varios códigos que no pueden ser descifrados jamás por ninguna civilización por avanzada que pudiera ser, solo se tiene el acceso necesario que permita la expansión del conocimiento requerido, dichos códigos son la impronta impresa en su estructura con la que se autodefine su identidad universal como primera creación del Creador.

Los 6 codigos capitales del Universo:

- ➢ 1-Luz y sombra.
- ➢ 2-Orden y confusión.
- ➢ 3-Energía y neutralidad.
- ➢ 4-Quietud y movimiento.
- ➢ 5-Armonía y turbulencia.
- ➢ 6-Portales dimensionales.

El Universo se divide en Regiones Estelares, las Regiones Estelares en Constelaciones, las Constelaciones en Galaxias, y las Galaxias; en Planetas, Soles y Lunas. Nuestra Región Estelar es denominada, **Zodiaco** que está constituido por 12 grandes Constelaciones. Tales Constelaciones, desde la antigüedad fueron denominadas con nombres propios como son: Aries, Tauro, Géminis, Cáncer, León, Virgo, Libra, Escorpio, Sagitario, Capricornio, Acuario y Piscis. Esta es solo una mínima región observable del basto Universo. En esta Región estelar del **Zodiaco** se encuentra el más grande complejo energético situado en la constelación de **Tauro**. Se distingue por sus 7 grandes Soles denominados como Las Pléyades. Por otra parte, aunque la constelación de **Orión** no está literalmente integrada al **Zodiaco** se podría considerar como parte del mismo ya que nuestra Galaxia solar está situada en el llamado brazo de Orión, exactamente entre la constelación de **Orión** y la constelación de **Cisne,** por lo que podríamos ser parte del **Zodiaco**. En el cinturón de **Orión** se encuentran situados 3 grandes Soles cuya luminosidad resalta por encima de las demás estrellas, por lo que se puede considerar como el segundo complejo energético de la región estelar del **Zodiaco**. Es muy probable que ambos complejos energéticos; tanto el de Pléyades en Tauro así como Sirio en Orión, abastezcan de energías a los demás Soles centrales de las distintas Constelaciones pertenecientes a dicha región estelar y a otras constelaciones cercanas, y estos Soles, a los demás Soles de las distintas Galaxias perteneciente a dicha región estelar, tomando en cuenta que los Soles son una red energética global cuya función principal es, producir y suministrar energías a todo el Universo.

Por otra parte, tenemos las innumerables Lunas pertenecientes a cada Galaxia cuya función es, regular y estabilizar las energías emanadas de la red solar para que estas no impacten de manera directa a los distintos planetas.

Cada estructura estelar está bajo la administración y supervisión de un consejo estelar integrado por entidades cósmicas responsables de las diferentes constelaciones y galaxias cuya misión es la siguiente:

<u>MISION DE LOS CONSEJOS ESTELARES:</u>

- ➢ **1=Distribuir la vida por todo el Universo.**
- ➢ **2=Habilitar cada planeta para sostener la vida.**
- ➢ **3=Regulación y distribución de las energías Solares.**
- ➢ **4=Asistencia de cada civilización en su ascensión evolutiva.**

- ➢ **5=Mantener el equilibrio armónico de los cuerpos planetarios.**
- ➢ **7=Fiel cumplimiento a los programas establecidos en los consejos.**
- ➢ **8=Reordenamiento de la Red lunar para la estabilización planetaria.**
- ➢ **9=Respeto al Creador y a las leyes que crean y rigen todo cuanto existe.**
- ➢ **10=administrar la frecuencia vibratoria de las constelaciones y las galaxias.**

El movimiento autónomo del Universo a través del cual el Sol Central del Universo crea las energías primarias para luego distribuirlas a los demás Soles interestelares y estos a los Soles galácticos para que estos esparzan proporcionalmente dichas energías en su área estelar planetaria. Finalmente, estas energías son regularizadas por sus diferentes Lunas antes de que estas lleguen a sus respectivos planetas. Esta es la dinámica lógica que permite el ordenamiento y armonización Universal. Es aquí donde entran en funcionamiento los 6 <u>Códigos</u> antes señalados y que están bajo la estricta administración de los consejos estelares.

Las constelaciones estelares permanecen girando armónicamente entre si al compás de todo el Universo. El Universo es como un reloj integrado por manecillas; una se encarga de marcar los segundos, otra marcar los minutos y otra marcar las horas, si la manecilla que marca los segundos se detiene, se detienen totalmente las demás. En el macro Universo sucedería lo mismo, todo marcha sincronizado, no existen los cuerpos menos o más importantes, cada cuerpo estelar cumple una función determinada, desde la luna más pequeña hasta la constelación más gigantesca. El Universo dispone de un Sol central que se conecta con los demás Soles centrales de la distinta Constelaciones y estos con los Soles de las distintas Galaxias formando así una red energética universal. Además, dichos Soles podrían ser utilizados como punto de referencia para los viajeros interestelares para de ese modo trasladarse de un lugar a otro y al mismo tiempo usar tales energías como fuentes inagotables de combustible.

Los códigos antes señalados constituyen el Todo Universal. El opuesto no es un adversario, sino, que es un componente vital para la reafirmación plena del elemento en cuestión. Ejemplo: cuando decimos, el Universo es luz total, con esto no negamos la existencia de la sombra, a lo que llamamos oscuridad, sino más bien, que la sombra es lo que nos permite reafirmar la total plenitud de la luz. La sombra u oscuridad no es más que un fenómeno parcial producido por la estructura de un determinado cuerpo celeste con lo cual se reafirma la luz como tal. No existe la oscuridad como ente paralelo a la luz, existe parcialmente la sombra producida según la posición de los cuerpos celestes frente al sol correspondiente que de manera temporal ocultan la presencia de la luz. Cuando se presenta dicha sombra no significa que determinados cuerpos estén cubiertos de oscuridad, sino más bien, que esto es un fenómeno parcial causado por la posición de determinado objeto frente a la luz.

El Universo es movimiento total y a través del movimiento se produce la vibración, de la vibración surgen las energías y de las energías las frecuencias. En dicho movimiento se esconde el secreto de cómo se originó para que perdurara de manera continua, perpetua e infinita cuyo eje central es el propio creador. Si observamos detenidamente el espacio, que por cierto, da la impresión de un gran vacío, nos daremos cuenta que los cuerpos celeste cambian de posición periódicamente, esto sucede porque en esencia, el Universo no es más que un inmenso toroide cuyo movimiento se manifiesta sobre sí mismo. Ese constante movimiento es el mecanismo por el cual se auto crean las energías para que a través de estas se dé la eficaz interrelación de una Constelación con las demás, de las galaxias entre sí, y que los planetas, las Lunas y el Sol de las distintas Galaxias puedan interactuar armónicamente con el conjunto universal. Todo el Universo está interconectado por esas energías provenientes de los diversos Soles que entrelazados entre sí, dan como resultado, la frecuencia vibratoria del macro universo. Todo surge a partir de dichas frecuencias y nada existe fuera de ellas. Es más, tal frecuencia es el lenguaje del mismo Creador encriptado en la estructura universal para a través de esta crear todo cuanto existe, e incluso, al mismo Universo. Dicha frecuencia es el canal de intercomunicación entre el Creador con toda su creación, basta con observar a cualquier ser de cualquier especie para darse cuenta que ellos perciben e intuyen con exactitud el ritmo y armonía de la naturaleza, simplemente, porque ellos vibran al compás de la frecuencia vibratoria por lo que pueden percibir a distancia y con antelación cualquier acontecimiento natural.

LOS 4 COMPONENTES BASICOS DEL UNIVERSO:

➢ **1ro. Energía electromagnética.**
➢ **2do. Éter, frecuencia total del universo.**
➢ **3ro. Materia solida; planetas, lunas, soles o estrellas.**
➢ **4to. Oxígeno y agua en estado líquido, gaseoso y comprimido.**

Estos componentes se manifiestan en cada cuerpo por ínfimo que pueda ser constituyendo así el Todo. Todo forma una unidad intrínseca y nada puede existir sin la presencia de uno de estos elementos. Ellos generan y sustentan la existencia de la biodiversidad expandida en todo el Cosmos. Donde quiera que exista Universo, existen estos cuatro elementos, los cuales son suficientes para generar y soportar toda existencia, Incluso, al mismo Universo.

Nada sucede por coincidencia dentro de la estructura universal. Todo aquello que sucede en alguna área del cuerpo universal es porque algo y de algún modo está afectando su integridad como conjunto lo que obliga a que este se reconstruya, y es ahí donde comienza la acción de la mente secreta del macro Universo. El macro Universo posee vida propia, adquirida a través del Éter, que no es más que la frecuencia y vibración constante que dinamizan y armonizan toda su estructura por lo que se originan las fuentes inagotables de energías que viajan de manera infinita por todo el cosmos.

Existen civilizaciones con niveles de sabiduría suprema que trabajan en armonía con las leyes universales, lo que los constituye en guardianes interestelares. Es posible que tales civilizaciones hayan sido capaces de descifrar determinados secretos y luego utilizarlos para el ensanchamiento del mismo universo. No tiene ningún sentido que el Universo contenga disponible infinitamente lo inagotable e inimaginable y que las creaturas que han sido dotadas de conocimiento supremo no hayan sido capaces de desentrañar tales secretos y utilizarlos para bien, de acuerdo a la dimensión en que estas se encuentren.

Nuestra civilización se encuentra a nivel de iniciación comparada con civilizaciones con niveles de conocimiento supremo o sublime. A pesar de que podemos observar algunos de los extraordinarios secretos del universo, no hemos desarrollado la capacidad para descifrarlos y definirlos con absoluta certeza. Por ejemplo: podemos observar el Sol, pero no sabemos si es frio o caliente, si es rojo, blanco o amarillo, etc. de que está hecha su estructura, que bien podría ser artificial, y digo artificial, porque si fuera de fuego ya no debiera de existir, debió de haberse consumido en sí mismo. Vemos la Luna y sabemos la incidencia que esta tiene en el planeta tierra, pero no sabemos Por qué esta actúa como un regulador de energías entre el sol y la tierra. Sin su presencia, la vida en el planeta tierra podría no existir. La Luna podría ser un mega laboratorio; tecnológico, biológico y agrario al servicio de los planetas de la Galaxia solar. Por otra parte, observamos las estrellas y ni siquiera podemos imaginar que cada estrella podría ser un sol inmenso que da vida e ilumina a una galaxia completa y más allá, solo por señalar algunos de los secretos visibles del Universo esperando ser descifrados por nuestra civilización.

El Universo es total armonía y nada puede estar fuera de esa armonía. A veces pensamos que la naturaleza actúa con ira o rebeldía, realmente no es así, sino, que esta es la manera que rigen las leyes universales para regularizar y estabilizar todo el Cosmos. Si logramos comprender esto, no nos extrañaremos con los fenómenos naturales que con frecuencia suceden a nuestro alrededor y que no están al alcance de nuestro entendimiento ya que nuestro entendimiento solo comprende las cosas que somos capaces de definir con el conocimiento limitado que como especie hemos logrado alcanzar, es por eso que consideramos como meras fantasías, aquello que no podemos demostrar científicamente.

El conocimiento humano es tan limitado que solo conocemos y comprendemos una mínima parte de lo que sucede en este pequeño planeta, por tanto, ni siquiera podríamos imaginarnos de algo que pudiera estar sucediendo en un planeta vecino o en otra galaxia fuera del sistema solar. El Universo es un cuerpo que se auto regenera en su estructura más recóndita y lo hace de la manera que lo considere más apropiado, aunque para ello tenga que eliminar toda existencia de vida en una localidad o planeta determinado y sin importar los avances de una determinada civilización.

Los humanos estamos cometiendo el más grave de los errores, pues, nos consideramos la especie más evolucionada del Universo desconociendo pues, la existencia de civilizaciones infinitamente más evolucionadas que la nuestra, capaces de controlar y dominar galaxia completa con influencia en la conducta geo cosmológica de varias constelaciones. No dudo que nuestra Galaxia este siendo controlada y dirigida por alguna de estas civilizaciones ultra superiores. Todas las galaxias, constelaciones y regiones del Universo están estrictamente regidas por entidades que obedecen a las leyes que regulan y armonizan el conjunto universal.

Toda inteligencia o conocimiento, emana del conocimiento universal el cual se manifiesta en cada civilización y especie acorde con su naturaleza. Cuando el Universo se ve afectado en alguna de sus estructuras, este reacciona a su manera, aunque esto sea incompresible para la mente humana de cualquier civilización. Pongamos un simple ejemplo:

Cuando usted es pinchado por algún objeto en un área de su cuerpo; por ejemplo: un dedo de la mano o del pie, que por cierto son el extremo del cuerpo humano, ese pinchazo por pequeño que sea lo siente en todo el cuerpo, eso mismo pasa con el Universo. Se imagina usted cuán grande podría ser la herida que le provocamos al Universo cuando en el planeta tierra, que por cierto es un órgano vital del propio Universo, le extraemos 1.000 millones de barriles de petróleo diario y que al mismo tiempo contaminamos los Océanos con decenas de toneladas de desechos tóxicos y decenas de toneladas de basuras con los cuales aniquilamos la vida de las especies Marinas, y a esto le agregamos la deforestación, la contaminación del espacio y los incendios forestales masivos a través de los cuales contaminamos todo el planeta incluyendo su atmosfera.

¿Cuál cree usted que debe ser la reacción del Universo?

Cuando usted sufre una lesión en algún miembro de su cuerpo por pequeña que esta sea, de inmediato usted busca la forma de solucionar tal lesión. Pues eso mismo hace el Universo, la repuesta lógica es, la auto sanación.

No nos extrañemos cuando veamos en el planeta, grandes catástrofes y epidemias masivas, ni siquiera lo consideremos como castigo divino porque realmente no lo es, esto no es más que una simple reacción del Universo con el objetivo de sanar un órgano vital de su cuerpo estructural llamado planeta que por alguna razón ha sido contaminado. El Universo es absolutamente perfecto y no puede funcionar armónicamente con uno de sus órganos (planeta) deficiente. Al igual que el cuerpo humano, el Universo cuenta con los más sofisticados anti virus que le permiten combatir cualquier malestar sin importar su naturaleza para así garantizar su propia estabilidad e integridad orgánica y su ritmo armónico.

El conocimiento secreto del Universo consiste en mantener almacenado todos los códigos de conocimientos los cuales se van abriendo a aquellas personas o civilizaciones que están en capacidad de descifrarlos para y a través ellos ascender a dimensiones superiores. Dichos códigos son ilimitados y se encuentran diseminados por todo el cosmos, pero no disponibles para cualquier sociedad científica de cualquier civilización que pretenda hacer mediciones metodológicas de comprobación de los mismos ya que estos son otorgados gratuitamente a quienes son capaces de trascender hacia lo sublime.

La buena noticia es, que todo ese vasto conocimiento secreto está ahí disponible esperando ser alcanzado por aquellos que sean capaces de encender su luz interior y acceder con audacia y explorar todo aquello que llamamos imposible para convertirlo en posible. El Universo no se complace con civilizaciones dormidas y manipulables, él quiere civilizaciones capaces de conquistar todos esos secretos que aun consideramos como simples misterios porque es ahí donde se encuentra el verdadero conocimiento ultra secreto y que gratuitamente nos ofrece. El Universo es en definitiva, puro magnetismo vibracional donde todos estamos sumergidos y conectados a él a través de las energías que de formas espontanea emanan de todas partes vitalizando todo cuanto existe. El Universo no es más, que el trono eterno y radiante del creador y morada ineludible de las infinitas biomultiplicidad.

SESION = XIII

LOS 8 ATRIBUTOS CAPITALES DEL DIOS CREADOR

- ➢ 1=Su propio Origen.
- ➢ 2=Origen y fin del Universo.
- ➢ 3=Recorrido y fin de toda existencia.
- ➢ 4=Origen e Infinitud del Tiempo y de la Luz.
- ➢ 5=Excelso Conocimiento del Todo y de la Nada.
- ➢ 6=Origen de la Vida en sus diversas manifestaciones.
- ➢ 7=Autodominio de los Horizontes Insondables del Infinito.
- ➢ 8=Libre albedrio sobre las Leyes que rigen todo cuanto existe.

Ni entidad celestial por sagrada que pueda ser, ni civilización alguna del Universo por avanzada que sea, no ha tenido ni tendrá jamás acceso a tales atributos, porque quien fuere capaz de descifrar uno solo de estos, podría crear un universo igual o semejante al ya existente.

Toda apología de carácter filosófico, teológico, exotérico o de cualquier otra índole que intente descifrar tales atributos, se hundirá en meras especulaciones cuyos resultados no serán más que simple abstracción en lo que la conclusión siempre resultará fallida.

Sin embargo, todo cuanto existe fuera de dicho dominio está disponible y al alcance del conocimiento de toda entidad, ya sea celestial o de cualquier civilización del Universo si así lo deseare.

SESION = XIV

LENGUAJE SECRETO
DEL SIMBOLO

El símbolo por naturaleza encierra un conocimiento y un poder secreto que solo puede ser descifrado por aquellos que son capaces de dejarse penetrar por este. El símbolo es la manifestación ontológica y al mismo tiempo visual de una determinada filosofía con la cual se pretende proyectar un mensaje encriptado a un determinado grupo social. El símbolo es algo que ha acompañado a la humanidad desde sus orígenes hasta nuestros días. El símbolo puede ser tanto grafico como numérico.

El símbolo es un lenguaje gráfico cuyo objetivo es proyectar un mensaje subliminar a un grupo determinado de personas. El símbolo ha estado presente en todas las culturas y civilizaciones tanto de la antigüedad como del presente y (seguirá en el futuro). Tomemos como referencia algunos ejemplos: el número 7. Este número ha sido utilizado por todas las culturas y civilizaciones conocidas para expresar y dimensionar lo sublime, lo sagrado y lo perfecto, y hasta la sabiduría divina. Con el número 7 se designan Las Pléyades perteneciente a la constelación de Tauro, las 7 maravillas, los 7 colores del Arco Iris, las 7 notas musicales, los 7 sacramentos, los 7 días de la semana, las 7 artes, los 7 arcángeles, los 7 mares, los 7 metales, los 7 dones del Espíritu, las 7 palabras, las 7 parejas de animales del diluvio, las 7 cabezas de la serpiente apocalíptica, los 7 días de la creación, los 7 sabios de Sion, los 7 cielos, los 7 chacras. El número 7 es una representación de la totalidad del Universo ya que representa el cielo y la tierra, el cielo que es representado por el número 3 y la tierra que es representada por el número 4. Es decir, los 4 elementos; tierra, agua, aire y fuego. 3+4=7. El número 7 representa la sabiduría, el conocimiento, las artes, la espiritualidad y la perfección entre otros. Finalmente yo agrego; Los 8 Atributos capitales del Dios Creador. Los 8 códigos secretos de La Glándula Pineal. El número 8 simboliza; lo infinito, la totalidad, la plenitud del conocimiento, lo ilimitado. Otro número que encierra un gran simbolismo y que es usado casi por todas las culturas religiosas es el 12 que simboliza lo sagrado, lo místico y lo trascendente. De igual manera, con el número 12 se enumeran las Constelaciones del Zodiaco, los 12 meses de año, Las 12 Tribus y los 12 Apóstoles entre otros.

En el símbolo se encuentra encriptado la totalidad de la filosofía de una determinada institución, sistema, país, religión, cultura, por ejemplo: La bandera, el escudo o la descripción simbólica correspondiente. Por lo regular, todas las instituciones tienen un símbolo que la identifica llamado Logo y si no lo tienen, se hacen representar por algún utensilio común o por el símbolo universal que representa el producto, la marca o sistema. Ejemplo: Un salón de belleza o barbería se representa con la tijera, una farmacia se representa con un utensilio rudimentario llamado pilón, un tribunal judicial se representa con la balanza, un centro médico se representa con el caduceo entre otros.

Por otra parte, si observamos las calles de las grandes ciudades nos daremos cuenta que están marcadas por señales que no son más que símbolos que indican una acción determinada a seguir.

Del mismo modo, Si tomamos las distintas figuras geométricas notaremos que en el simbolismo de cada una de ellas se encierra un cúmulo de conocimientos secretos que proyecta una realidad determinada y que no es posible de descifrar a simple vista, por ejemplo; el cubo de Metatrón o flor de la vida. Este símbolo representa la totalidad ya que contiene toda la estructura geométrica del universo, de las energías sagradas y de la vida. Este símbolo es usado por varias culturas desde tiempos inmemoriales, en el están contenidas todas las figuras geométricas. Si lográramos descifrar este símbolo geométrico podríamos descifrar todo el universo ya que el universo está constituido por cuatro elementos básicos que son: Química, física, energía y éter. Es decir, que en el Metatrón están contenidas todas las sustancias e insustancias que constituyen el universo, desde la materia, lo energético, lo etérico hasta lo espiritual. Dicho símbolo contiene todo el conocimiento que por miles de años se le ha ocultado a la humanidad. Todas las demás figuras geométricas provienen de este símbolo, cuando digo todas, es todas.

El símbolo no es más que la representación de la filosofía de una determinada corriente filosófica, religiosa, espiritual, exotérica, institucional o de cualquier otro orden: Pongamos algunos ejemplos; El mándala, símbolo hindú cuyo significado es, el Reino de los dioses. La balanza que representa la justicia, el caduceo con las dos serpientes representa la medicina, la antorcha representa el atletismo y las olimpiadas, la bandera patria simboliza a la nación y el patriotismo, la escuadra simboliza la arquitectura, la cruz simboliza el cristianismo y a otras espiritualidades, y así sucesivamente. Por lo general, todas las Instituciones o asociaciones de la índole que sean son representada por un símbolo llamado Logo.

El Logo o símbolo es un lenguaje que incide de manera directa e indirecta en la conducta de una colectividad, ya sea positiva o negativamente. Queramos o no, estamos conducidos por un lenguaje simbólico que nos relaciona con una determinada realidad cuyo objetivo es, canalizar las emociones más profundas de un determinado grupo social. Esto me parece de suma importancia ya que en el futuro podríamos crear un lenguaje simbólico que nos facilitaría comunicarnos con otras civilizaciones del Universo.

¿Qué tal, si varios de los símbolos que hoy utilizamos heredados de la antigüedad, fueron creados por civilizaciones procedentes de otras dimensiones estelares? Es una simple interrogante que debiéramos analizar con mayor profundidad. Por ejemplo: el Mándala, el Caduceo, la Esvástica y el mismo Metatrón o Flor de la vida entre otros. ¿Quién, Desde cuándo y para qué se crearon estos símbolos?

SESION = XV

LA MUERTE = PROXIMA DIMENSION

Tengo una frase que dice: "la muerte no es más que un instante de tránsito." Otra frase en la que digo: "Si existe la vida después de la muerte, no tengo porque temer porque seguiré viviendo, si no existe, tampoco he de temer porque ya he vivido." Tomadas del libro de mi autoría titulado: **Ideas Cumbres.**

Si la existencia termina con la muerte significa que la esperanza de eternidad no tiene sentido ya que la presencia del paraíso no sería más que mera ilusión, la existencia de Dios seria pura fantasía colectiva, las apologías religiosas serian total manipulación, las distintas espiritualidades serian vanas y falsas, el alma humana seria inexistente por lo que no habría posibilidad de trascendencia; que el amor, la entrega y el servicio serian meros sentimientos sin recompensa futura. Aceptar como válidos estos postulados seria negar la grandeza, sublimidad y trascendencia del alma humana.

No podemos ignorar, comprendámoslo o no, que la existencia es un largo viaje con una ruta establecida en la que están marcadas diversas paradas con sus respectivas estadías, donde se tiene que cumplir un ciclo de tiempo y una misión exclusiva. Cada quien es único, y única es su misión. No regresarás al lugar de origen hasta no haber cumplido tu misión. La vida en este plano terrenal es un ciclo que comienza en el momento en que fuimos engendrados en el vientre materno y finaliza en el instante en que morimos a este cuerpo, pero el viaje continúa hacia el próximo ciclo. Tanto la existencia, la vida como la muerte son un secreto indescifrable del propio creador y ninguna entidad del Universo puede tener acceso a tal secreto.

En el camino de la existencia, la muerte no es más que un instante de transito donde solo existe una ligera alteración tanto de la naturaleza física como del tiempo en lo que el ser humano solo cuenta con una posibilidad; ascender o descender espiritualmente de acuerdo al cumplimiento de su misión en este plano terrenal o en cualquier otro ciclo futuro de su existencia.

Como espíritu, somos participes de la sabiduría y conocimiento del creador. Como alma, somos mensajeros estelares enviados a cumplir una misión específica en cada ciclo de nuestra existencia y no regresaremos a la fuente de origen hasta no haberla cumplido plenamente.

SESION = XVI:- ANEXO

ACONTECIMIENTO 2020

A MODO DE INTRODUCCION:

No puedo cerrar estas páginas sin hacer mención del gran acontecimiento llamado "pandemia" acaecido en el transcurso del año 2020. Acontecimiento que queramos o no, marcará el comportamiento de la especie humana en el Planeta tierra en los años venideros. Este ha sido un acontecimiento singular en la historia sanitaria de la humanidad ya que nunca antes se habían tomado medidas tan radicales y arbitrarias las cuales violentaron todos los parámetros tanto sanitarios como jurídicos alterando así toda la estructura social. Este ha sido el ataque más salvaje y despiadado que haya sufrido la humanidad en toda su historia ya que ha sido humillada, manipulada, acosada y censurada inclementemente. Dicho ataque significó un retroceso de proporciones incalculables en todos los órdenes, especialmente en la estabilidad emocional que sin dudas, es el factor más determinante para el crecimiento y desarrollo tanto individual como colectivo. Tal evento creó pánico e inseguridad en todas las latitudes del planeta ya que la gente se sintió totalmente desprotegida de aquellas instituciones cuyo deber primario se supone debe ser, la protección y el bienestar colectivo. Con la puesta en marcha de dicho ataque se ignoraron; leyes nacionales,

Derechos Humanos, constituciones nacionales y tratados internacionales.

Tengo la firme esperanza de que en un futuro no muy lejano, la justicia se revestirá de responsabilidad, honor y prudencia, y, con el espíritu de sabiduría que la caracteriza, tendrá la gallardía de reconocer su negligencia frente a este siniestro evento y será entonces cuando resarcirá a la humanidad poniendo de manifiesto una acción ejemplarizadora en contra de aquellos; sicópatas, ignorantes, salvajes, siniestros y degenerados que planificaron y llevaron a cabo de manera inclemente dicho evento.

Perdón por los términos empleados, no lo hago por ignorancia, sino más bien por responsabilidad. No niego que en esta ocasión sienta rabia e impotencia. Sé que dichos términos no son suficientes para definir tales personajes, pero es que no hay otros calificativos más apropiados con los que puedan ser descritos.

El proceso de manipulación fue tan atroz que la vacunación experimental llevada a cabo en todo el planeta, provocó decenas de miles de muertes e innumerables reacciones secundarias, y sin que esto fuera poco, el proceso de vacunación continúo hacia delante sin importar las consecuencias que esta causara a corto, mediano y largo plazo, desoyendo aun, a científicos y expertos en las diferentes áreas de la medicina.

Las generaciones futuras tienen que ser informadas para que acontecimiento como este no se repitan jamás.

UN FANTASMA LLAMADO "PANDEMIA"

a) Carta abierta a las generaciones futuras.

Asunto: Ataque físico y psicológico a la humanidad, 2020.

Año 119 del Ciclo del conocimiento científico y tecnológico.

Honorables ciudadanos y ciudadanas del mundo, en el año 2020 nuestra generación fue atacada ferozmente por personas ligadas a poderes fácticos con el fin expreso de manipular a la especie humana causando así una catástrofe emocional sin precedente para de ese modo resetear la economía, la educación y la espiritualidad de todo el género humano. Para tales fines se implantó una "pandemia" causada por un virus llamado COVID-19 con lo cual se creó el pánico y a través de este se pretendió manipular la mente colectiva en favor de los intereses de una Elite global la cual ha gobernado al mundo desde hace miles de años de generación en generación.

Dicho plan fue diseñado desde el año 2019 en un simulacro titulado "evento 201" llevado a cabo en la ciudad de New York en el cual se realizó una simulación sobre una posible "pandemia" la cual afectaría significativamente a la humanidad. Simulacro convertida en realidad un años después en el que se involucraron; la Organización Mundial de la Salud, gobiernos, medios de comunicación de masas, Redes Sociales, instituciones sanitarias, Jerarquías Religiosas y sistema judicial, y más del 80% del sector de salud privada de todos los países con lo cual se garantizó la eficacia de tal evento llamado "pandemia." Ya implantado el virus (supuestamente creado artificialmente y modificado en laboratorio), los protocolos implementados por la Organización Mundial de la Salud para la prevención de contagios resultaron un tanto contradictorios e inapropiados ya que estuvieron orientados a debilitar la inmunidad tanto individual como colectiva, por ejemplo: confinamiento colectivo, distanciamiento social y el uso permanente de mascarilla. Además, la aplicación irregular de los Test o pruebas de detección del virus entre otros.

Por otro lado, los fallecidos por cualquier causa durante el primer año fueron diagnosticados como positivos de dicho virus, al tiempo que eran cremados de manera inmediata sin que se le practicara la autopsia correspondiente y sin el consentimiento de sus familiares lo que contribuyó a elevar el pánico colectivo y al mismo tiempo, la violación flagrante a la dignidad y a los derechos inalienables de cada ser humano. Luego se estableció por disposición de la Organización Mundial de la Salud, el confinamiento obligatorio de todo el mundo privando así la libertad de tránsito por más de 90 días en algunas naciones, mientras que en otras se extendió hasta 4 y 5 meses, mientras que otras Naciones fueron confinadas por más de 8 meses y hasta más de un año.

Casi en todos los países se decretó toque de queda en horas de la noche, a parte de los protocolos antes señalados en contraposición del criterio de expertos y científicos, virólogos y epidemiólogos altamente calificados que afirmaban que dichos protocolos resultaban perjudiciales para la salud ya que tanto el confinamiento como el distanciamiento social no permitían crear la inmunidad colectiva. Varios gobiernos, especialmente del Continente Africano manifestaron públicamente su desacuerdo con los protocolos impuestos por la Organización mundial de la salud ya que lo consideraban inapropiados, por lo que de inmediato fueron censurados y descalificados por las Redes sociales, los medios de comunicación y la propia OMS cuyo director no tenía ni siquiera conocimientos básicos en medicina general. Tal censura fue tan drástica que ni siquiera el presidente de Los Estados Unidos de Norte América podía emitir ninguna recomendación u opinión relevante al respecto ya que de manera inmediata era censurado y descalificado públicamente hasta el punto de ser eliminado totalmente de las Redes sociales, mientras que los medios de comunicación lo acosaron inclementemente. Fue entonces cuando el presidente se dispuso a retirar los fondos que suministraba a esta organización. Dicha "pandemia" fue utilizada por la alta dirigencia política, coludida con la elite global, para hurtar la elección presidencial de Los Estados Unidos del 2020, con la complicidad expresa de varios funcionarios del propio presidente y candidato.

Un dato curioso en esta trama fue: que tanto en Los Estados Unidos de Norte América como en varios países y ciudades de todo el mundo, las cifras de muertes y contagios fueron infladas de manera muy extraña. Independientemente de la opinión calificada de expertos en virología, epidemiología, científicos y políticos de todo el mundo, casi todos los países implementaron protocolos arbitrarios en contra de la ciudadanía, en violación de tratados Internacionales, Derechos Humanos, Cartas Constitucionales y leyes vigentes con lo cual se alteraron todos los derechos tanto individuales como colectivos de los ciudadanos. Esto ha sido insólito y sin precedente en la historia de la humanidad.

Primera fase*: el ataque estuvo dirigido a eliminar la mayor cantidad de población anciana y envejeciente, esto fue evidente en la mayoría de las naciones. Mientras que por otra parte, algunos destacados personajes del ámbito económico mundial consideraban que los ancianos constituían un peligro para el desarrollo de la economía.*

Segunda fase: *el plan fue dirigido a la población en general con el confinamiento colectivo, el uso obligatorio de mascarilla y el distanciamiento social lo cual se generó y profundizó el pánico colectivo y al mismo tiempo el debilitamiento de la inmunidad biológica tanto individual como colectiva.*

Tercera fase: *consistió en la necesidad de la implementación de una vacuna universal, que por cierto, antes de terminar el primer año de haberse declarado la "pandemia" ya habían varias marcas de vacunas disponibles a pesar de que miles de médicos expertos en virología consideraban que dicho virus no iba más allá que una gripe estacionaria común, sin embargo, de nada importo el criterio calificado de cientos de científicos independientes para que las grandes farmacéuticas entraran en competencia y pusieran en marcha el plan de vacunación experimental en seres humanos (en colusión con la mayoría de los gobiernos) sin la aprobación de los organismos correspondientes y sin tomar en consideración los riesgos y consecuencias inmediatas y futuras que estas pudieran causar, como en efecto ha sucedido, mientras que la verdad continua siendo censurada. Dichas vacunas* *han sido suministradas a millones de personas sin que se tomara en consideración el historial médico de cada paciente, lo que constituyó un acto de irresponsabilidad médica en violación flagrante al juramento Hipocrático y la total ignorancia de la ética médica. A demás, no se tomó en cuenta que dicho medicamento experimental podría alterar el ADN, y si así fuere, miles de crímenes quedarían en la impunidad, mientras que cientos de millones de personas perderían su identidad genética.*

Dicho evento influyó de manera significativa en el desarrollo del conocimiento tanto individual como colectivo, de tal manera, que dicha crisis provocó un cierre total de Escuelas y Universidades a lo largo y ancho del Planeta, e inclusive, los más eruditos e inminentes científicos del ámbito sanitario, salvo algunas excepciones, quedaron atrapados en las garras de este macabro evento.

Esta Elite oscura, cuya morada ha sido la sombra y el secretismo, espacio de donde siempre ha operado a espalda y por encima del género humano, cuyo objetivo ha sido, la despoblación y deshumanización en complicidad con gran parte del orden político, judicial, religioso, económico y sanitario entre otros.

Esta Elite viene gestando planes oscuros en contra de la humanidad desde hace mucho tiempo, basta con leer los escritos plasmados en las piedras o megalitos de la ciudad de Georgia en donde aparece una inscripción que se refiere a la reducción de la población mundial a quinientos millones de habitantes, lo que significa que hay que eliminar más de siete mil millones de seres humanos. No entiendo por qué y para qué, ya que el planeta tiene capacidad para más de 100 mil millones de habitantes, cifra que se alcanzaría en un periodo de tiempo de mil quinientos años aproximadamente según la proyección oficial de crecimiento poblacional a partir del 1951 en adelante. A partir de esta fecha el crecimiento poblacional fue de 500 millones aproximadamente por cada diez años. Se prevé que para el 2100 la población mundial alcanzará un crecimiento de 11 mil millones de habitantes, lo que significa que habrá un crecimiento de 3,000 millones en 80 años, o sea, 375 millones por cada 10 años lo constituye una reducción significativa en la tasa de crecimiento poblacional futura de más del 25% por década con relación a las últimas siete décadas anteriores. (Población mundial- Estadísticas en tiempo real. Google)

En la actualidad; 13 familias poseen el dominio global del Planeta en todos los órdenes, no más de mil familias poseen más del 50% de los bienes disponibles mientras que más del 50% de la población mundial vive en condiciones permanente de pobreza y miseria deplorable.

Si analizamos la historia con atención, nos daremos cuenta que esto no puede parecernos extraño, ya que desde hace miles de años hemos estado bajo ataques de diferentes magnitudes siendo esta "pandemia," quizás, el más despiadado que haya conocido la humanidad en los últimos tiempos ya que este supera con creses los sacrificios Bíblicos y posteriormente; las persecuciones, masacres y exterminios masivos ejecutados por las cruzadas y la santa Inquisición a lo largo y ancho del planeta, y más espantoso aun, que los genocidios causados por las ultimas guerras mundiales. Es inconcebible el descaro con que algunas personalidades del ámbito económico, de salud y supuestos filántropos, hayan sido capaces de expresar públicamente, la necesidad de una reducción significativa de la población mundial en pos del desarrollo económico.

>**Tal evento, más que un ataque psicológico, constituyó un genocidio brutal que amerita ser considerado, crimen de lesa humanidad, por lo que tales individuos debieron ser arrestados de inmediato y procesados por la justicia sin mediación ni clemencia y de ser posible, desterrados de este Planeta enviándolos de regreso al averno, lugar de donde nunca debieron haber salido.**

Con este ataque se ha pretendido ocultar la verdadera realidad de lo que ha estado pasando silenciosamente durante cientos de años en contra del orden natural y de la esencia misma del género humano como es por ejemplo; A) el ocultamiento de grandes verdades históricas las cuales podrían cambiar definitivamente el rumbo de la humanidad y B), la prácticas de acciones ocultistas y aberrantes contrapuestas al orden natural que debe caracterizarnos como humanidad.

En medio de dicha crisis traducido en "pandemia" se descubrió el espantoso accionar depredador de la Elite manipuladora en toda la geografía planetaria. Por lo que parece, la "pandemia" no fue más que una jugada maestra de distracción llevada a cabo en contra de la humanidad con el fin de ocultar las múltiples aberraciones cometidas a lo largo de la historia por dicha Elite, por lo que no descarto que estas personas estén bajo el control de entidades hostiles procedentes de dimensiones del bajo astral.

Resulta curioso que dicha "pandemia" coincidió, precisamente, con la elección presidencial de Los Estados

Unidos de Norte América, la elección más significativa para el Planeta Tierra, ya que la misma constituye un referente para las demás Naciones democráticas del Mundo. Dicho ataque fue diseñado con el objetivo de convertir a la humanidad, de esclavos libres a marionetas robotizadas con fecha de vencimiento preestablecida. El Lema central de la agenda 20-30 de los globalitas dice: **"No tendrás nada, pero serás feliz."**

Por lo que Decreto lo siguiente:

1ro. Considerando: *Que por ser este uno de los ataques más feroces y despiadados de todos los tiempos contra la humanidad, los autores de dicho evento debieron ser arrestados, juzgados y condenados con la pena máxima, por el contrario, la historia se encargará de juzgar en el futuro al sistema judicial por los delitos de impunidad, complacencia, complicidad y evasión de responsabilidad, puesto de que en lo adelante, la degradación del género humano deberá ser considerado como el mayor delito contra el orden natural, sublime y divino manifestado en cada creatura humana por pura voluntad del Creador.*

2do. Considerando: *Que la integridad humana no puede ni debe ser vulnerada de ninguna forma, ni por ninguna razón, ya sea por particulares o poder alguno con el fin de suprimir o manipular los derechos natos de libertad, felicidad y autodeterminación que nos asisten como creaturas, por lo que, cualquier atentado contra tales derechos, constituye una flagrante violación a la voluntad Divina.*

3ro. Considerando: *Que todo Estado o nación deberá respetar íntegramente tales derechos sin manipulación alguna de la ignorancia tanto individual como colectiva, ni* *pretender jamás someter a su pueblo bajo presión física o psicológica con el fin de mancillar su libertad, su dignidad, su integridad y su identidad.*

4to. Considerando: *Que los seres humanos hemos sido creados a imagen y semejanza del mismo creador, razón por la que jamás podemos ser objetos de experimentación, ni propiedad, ni mercancías de Estado alguno o grupo de poder degenerado, ya que por origen somos creaturas sagradas, cuyo fin es, regresar a la fuente originaria sin haber sido corrompidos o manipulados.*

5to. Considerando: *Que ningún sistema ya sea Religioso, político, sanitario o judicial tiene facultad para disponer de nuestras vidas con el fin de alterar nuestra identidad, nuestra dignidad, nuestro conocimiento y nuestra espiritualidad; atributos que emanan del Sumo Creador y que nadie ni nada bajo ninguna razón podrá alterar o mancillar.*

6to. Considerando: *Que no existe ley alguna ni tratado Internacional que establezca, mande u ordene la imposición de medidas antinaturales que puedan afectar de algún modo el bienestar físico y psicológico tanto individual como colectivo.*

7mo. Considerando: *Que según la Convención de Ginebra 1949, en virtud del artículo 32 de dicha convención y según se establece en el Código de ética médica de Núremberg de 1947. "Se prohíbe toda práctica de experimentación con seres humanos y quienes infrinjan estas leyes de dimensión Internacional deberán ser castigados con la pena de muerte."*

8vo. Considerando: *Que en la carta Universal de los "Derechos Humanos," Artículos 1,3 y 5 se consagra el* derecho a la vida, a la libertad y seguridad individual y que por tanto, "nadie deberá ser sometido a torturas ni a penas o tratos crueles o degradantes" bajo ningún pretexto.

9no. Considerando: *Que bajo referencia de lo que establece la Declaración de Independencia de Los Estados Unidos de Norte América y otras Constituciones Nacionales, se establece lo siguiente: "Todos los seres humanos son credos iguales al tiempo de que son dotados por su creador de ciertos derechos inalienables: entre los cuales están la vida, la libertad y la búsqueda de la felicidad."*

Por lo que concluimos: Que quienes planificaron, crearon y manejaron el evento sanitario en cuestión, incurrieron en una violación flagrante de todos los derechos que nos asisten como individuos y como humanidad. Que de ninguna manera resulta confiable que quienes propusieron con antelación la reducción de la población mundial sean los responsables de proporcionar la solución de la crisis en cuestión, que por cierto, algunos de ellos no tenían especialidad ni siquiera en medicina elemental.

En un mundo regido por la verdad y la justicia, todos aquellos, incluyendo gobiernos (primeros responsables del bienestar común) que sin la debida información científica y de manera irresponsable permitieron e incentivaron imposiciones arbitrarias y luego la vacunación experimental con seres humanos sin el debido rigor sanitario, ya fuere por ignorancia o por complicidad, deberán ser juzgados bajo los términos establecidos por los códigos de Núremberg.

Tengo la certeza, que quienes planificaron dicha "pandemia" tenían como objetivos específicos lo siguiente: 1= reseteo de la economía mundial, 2= implementación de un gobierno mundial, 3= la sumisión colectiva, 4= inicio de la despoblación mundial, 5= control psicológico y social de toda la población, 6= unificación de un sistema religioso mundial, 7= ocultamiento de eventos extraordinarios tanto del pasado como del presente Ej.: origen y trayectoria del ser humano, **8= //tráfico ilegal de personas, 9= normalización y legalización de la pedofilia y 10= las salvajes, degeneradas y aberrantes acciones rituales contra la integridad humana//**entre otras verdades no reveladas, verdades que involucran directamente a la Elite oscura del planeta.

Dicho plan constituyó un ataque frontal sin precedente tanto físico como psicológico contra toda la humanidad; diseñado, planificado y llevado a cabo con premeditación y alevosía. Una monumental brutalidad que nos avergüenza como especie frente a cualquier civilización del Universo por perversa que pudiera ser.

El insigne tribunal de la historia a de establecer responsabilidades para que se haga justicia, aun sea en contumacia, por encima de todo poder. Estoy plenamente seguro que después de esto, se aproxima una gran era de paz, libertad y armonía como antesala para el gran encuentro interplanetario.

>En nombre de nuestra generación: por las generaciones venideras. Proclamo ante Dios y el mundo, que no me ahorraré ni un minuto más de vida solo por no decir la verdad. La verdad ha de ser dicha aunque

sea lo último que se diga. Que la historia y el infinito os apiadéis de aquellos que habéis cometido tal iniquidad.

Este es mi último deseo y os ruego me sea concedido: **Morir en ausencia de la presencia médica.**

En la ciudad de New York, Estados Unidos de Norte América a los 30 días del mes de Mayo del año 2021.

Lic. Juan de Dios Cabral

b) Carta abierta:

A su excelencia: Los presidentes.
Extensiva: A los Señores Ministerios y Agencias de salud.

Distinguido y respetable presidente, en los últimos tiempos la humanidad se ha visto afectada psicológica y físicamente por los embates de una "pandemia" causada por un virus, que según afirman expertos en virología y probados científicos en diferentes áreas de la medicina, dicho virus, es más simple que una gripe estacionaria común que se puede combatir con tratamientos alternativos, como son: la **invermetina** y la **hidroxicloroquina** entre otros. Medicamentos de fácil acceso y sin prescripción médica alguna, probados con efectividad en varios países y sin la necesidad de hospitalización ni restricciones sociales. Se ha demostrado científicamente, que todas las medidas adoptadas hasta ahora han sido insuficientes para crear la inmunidad tanto individual como colectiva.

Señor presidente, el pueblo esta angustiado debido a las disposiciones que de manera inconstitucional se han implementado paulatinamente en todo el planeta. Muchas gentes se resiste a vacunarse por temor a morir o sufrir efectos secundarios, como en efecto ha sucedido en varios países, precisamente, por tratarse de un **medicamento experimental** que no cumple con los requisitos establecidos por la ciencia médica. 1ro. No cumple con los plazos de pruebas requeridos, 2do. Se desconocen los componentes de su contenido, 3ro. Ninguna autoridad asume responsabilidad por las consecuencias causadas y 4to. En caso de que la vacuna altere el ADN, miles de crímenes quedarían impunes mientras que cientos de millones de personas perderían su identidad genética. Con la aplicación de dicho medicamento se han ignorado todos los principios de la ética médica, Derechos humanos, leyes constitucionales y tratados Internacionales, especialmente, la convención de Ginebra en su artículo 32 de 1949. Además, el código de ética médica de Núremberg de 1947, en el cual se expresa lo siguiente: "**Se prohíbe toda práctica de experimentación con seres humanos y quienes infrinjan estas leyes de dimensión Internacional deberán ser castigados con la pena de muerte.**"

Señor presidente, la mayoría del pueblo está siendo profundamente afectado; emocional, física y económicamente debido a las restricciones sociales y a la imposición ilegal de la **vacuna experimental**. Tales medidas afectan sensiblemente la empobrecida economía de las familias más humildes ya que sus pírricos ingresos disminuyen exponencialmente, mientras que otros se ven en la necesidad de abandonar sus empleos por temor a quedar lesionados de por vida o desaparecer definitivamente de este mundo dejando a sus seres queridos a la suerte del destino. Por lo que parece, a esta generación le ha correspondido enfrentarse a un grupúsculo de seres humanos de tendencia sicópata, asistidos por entidades supra terrenales con intenciones muy oscuras, cuyo objetivo es, subyugar a la humanidad bajo un régimen de control planetario. Sin lugar a dudas señor presidente, en este momento se está librando una batalla espiritual épica y sin precedente, de la Luz contra la oscuridad, batalla nunca vista en la historia de la humanidad. No olvide señor presidente que existen tres tipos de justicias: **1ro. La justicia ordinaria, 2do.**

La justicia de la historia y 3ro. La justicia Divina. Las dos primeras podrían ser vulneradas, pero la tercera no se vulnerara jamás aunque el planeta desaparezca de la Constelación Estelar.

Excelentísimo presidente, creo que es usted un fiel creyente de la divinidad creadora, por lo que apelo e imploro ante su generosa compasión con el pueblo que con tanto amor y entusiasmo le eligió como su guía y protector. Espero pues, que ese pueblo ansioso de libertad, encuentre en usted la protección y seguridad suficiente. "Bienaventurados los misericordiosos, porque ellos alcanzarán misericordia." Mateo cap.5 v 7. "Para ser libres fueron liberados, manténgase, pues, firmes y no os dejéis oprimir nuevamente bajo el yugo de la esclavitud" Gálata cap.5 v 1.

Con alta estima.

Queda de usted:

Lic. Juan de Dios Cabral.
New York, 30 de Nov. 2021.

c) Himno al Universo

Himnos a la universalidad
cante el universo en pleno,
que desborden la inmensidad,
que retumben en todos los cielos.

Al contemplar tantas grandezas
hasta el infinito se deja ver,
traducido en humanidad,
sublimidad del supremo Ser.

Todo es danza y armonía,
lo que es y lo que no ha sido,
todo se va creando,
como el viento, como el sonido.

La nada es pura esencia,
origen y supremacía,
expresión de lo increado,
insustancia, misterio y vida.

Se esparce la sabiduría,
engendrando multiplicidad.
Nada ha sido lo que no debía,
solo existe la identidad.

Venimos de la lejanía,
otros son de más allá.
El universo es ritmo, armonía,
plenitud de vitalidad.

Todo es semejanza infinita,
jubilosa canta la creación,
hasta el silencio canta y danza,
Himnos de paz, unidad y amor.

Lic. Juan de Dios Cabral
(Kiwrdión)

CONCLUSIÓN

En este libro no he pretendido entregarle al mundo una obra literaria, ni un manual de espiritualidad, ni una guía de psicología, ni un código de ética o de moral, ni una obra de consulta científica, ni siquiera, un manual de orientación y crecimiento personal. Solo se trata de indicar algunas pautas fundamentales que podrían ayudar a conducir al lector a construir su propio camino para el encuentro satisfactorio con su yo superior en relación íntima con el cosmos y el Creador.

Esta obra no es un tratado metodológico, sino más bien, un legajo de posibilidades que podrían ayudar al lector a descubrir su singular identidad como criatura en ascensión permanente en medio del infinito, así como la grandeza y plenitud del alma como espíritu único colocado en el centro del Universo por voluntad suprema.

AUTOBIOGRAFÍA

✓ LICENCIADO EN FILOSOFIA 1988, Pontificia Universidad Católica Madre y Maestra, Santo Domingo, República Dominicana.

✓ LICENCIADO EN CIENCIAS RELIGIOSAS (Teología) 1990, Seminario mayor, Santo Tomás de Aquino, Santo Domingo, Rep. Dominicana.

✓ SACERDOTE COTOLICO Y DIRECTOR DIOCESANO DE PASTORAL JUVENIL 1990-1993, Diócesis de la Vega, Rep. Dominicana.

✓ PROFESOR DE DERECHO CANONICO 1992-1993, Pontificia Universidad Católica Tecnológica del Cibao, La Vega, Rep. Dominicana.

✓ DIRECTOR GENERAL YMCA 1994-1995, Rep. Dominicana.

✓ PROSOR DE FILOSOFIA, PSICOLOGIA, ORIENTACION ACADEMICA Y ASESOR DE MONOGRAFICOS 1995-1999, Escuela Técnica de Administración Municipal, Santo Domingo, Rep. Dominicana.

✓ COORDINADOR DE PROGRAMAS 1995-1999, Ayuntamiento del Distrito Nacional, Rep. Dominicana.

✓ DIRECTOR ACADEMICO 1999-2001, Colegio San Elías Profeta, Santo Domingo, Rep. Dominicana.

✓ COORDINADOR ENLACE ENTRE EL GOBIERNO Y LAS IGLESIAS 2001-2OO4, Palacio Nacional, Rep. Dominicana.

- ✓ EMPLEADO PRIVADO 2004-2006, Estado de Massachusetts, Estados Unidos.
- ✓ TAXISTA 2006- 2015, New York, Estados Unidos.
- ✓ EMPLEADO PRIVADO 2015-2021, New York, Estados Unidos.
- ✓ AUTOR DE LAS OBRAS: A) Ni Creación ni Evolución 2013, B) La Sentencia Proclama 2018, C) Ideas Cumbres 2019 y D) Estado Ecológico Biodiversidad y Medioambiente 2019.

Registro de autor: Biblioteca del Congreso de Los Estados Unidos de Norte América.